Ergebnisse der Anatomie und Entwicklungsgeschichte
Advances in Anatomy, Embryology and Cell Biology
Revues d'anatomie et de morphologie expérimentale

Springer-Verlag · Berlin · Heidelberg · New York

This journal publishes reviews and critical articles covering the entire field of normal anatomy (cytology, histology, cyto- and histochemistry, electron microscopy, macroscopy, experimental morphology and embryology and comparative anatomy). Papers dealing with anthropology and clinical morphology will also be accepted with the aim of encouraging co-operation between anatomy and related disciplines.

Papers, which may be in English, French or German, are normally commissioned, but original papers and communications may be submitted and will be considered so long as they deal with a subject comprehensively and meet the requirements of the Ergebnisse.

For speed of publication and breadth of distribution, this journal appears in single issues which can be purchased separately; 6 issues constitute one volume.

It is a fundamental condition that manuscripts submitted should not have been published elsewhere, in this or any other country, and the author must undertake not to publish elsewhere at a later date.

25 copies of each paper are supplied free of charge.

Les résultats publient des sommaires et des articles critiques concernant l'ensemble du domaine de l'anatomie normale (cytologie, histologie, cyto et histochimie, microscopie électronique, macroscopie, morphologie expérimentale, embryologie et anatomie comparée. Seront publiés en outre les articles traitant de l'anthropologie et de la morphologie clinique, en vue d'encourager la collaboration entre l'anatomie et les disciplines voisines.

Seront publiés en priorité les articles expressément demandés nous tiendrons toutefois compte des articles qui nous seront envoyés dans la mesure où ils traitent d'un sujet dans son ensemble et correspondent aux standards des «Résultats». Les publications seront faites en langues anglaise, allemande et française.

Dans l'intérêt d'une publication rapide et d'une large diffusion les travaux publiés paraitront dans des cahiers individuels, diffusés séparément: 6 cahiers forment un volume.

En principe, seuls les manuscrits qui n'ont encore été publiés ni dans le pays d'origine ni à l'étranger peuvent nous être soumis. L'auteur d'engage en outre à ne pas les publier ailleurs ultérieurement.

Les auteurs recevront 25 exemplaires gratuits de leur publication.

Die Ergebnisse dienen der Veröffentlichung zusammenfassender und kritischer Artikel aus dem Gesamtgebiet der normalen Anatomie (Cytologie, Histologie, Cyto- und Histochemie, Elektronenmikroskopie, Makroskopie, experimentelle Morphologie und Embryologie und vergleichende Anatomie). Aufgenommen werden ferner Arbeiten anthropologischen und morphologisch-klinischen Inhaltes, mit dem Ziel die Zusammenarbeit zwischen Anatomie und Nachbardisziplinen zu fördern.

Zur Veröffentlichung gelangen in erster Linie angeforderte Manuskripte, jedoch werden auch eingesandte Arbeiten und Originalmitteilungen berücksichtigt, sofern sie ein Gebiet umfassend abhandeln und den Anforderungen der ,,Ergebnisse" genügen. Die Veröffentlichungen erfolgen in englischer, deutscher oder französischer Sprache.

Die Arbeiten erscheinen im Interesse einer raschen Veröffentlichung und einer weiten Verbreitung als einzeln berechnete Hefte; je 6 Hefte bilden einen Band.

Grundsätzlich dürfen nur Manuskripte eingesandt werden, die vorher weder im Inland noch im Ausland veröffentlicht worden sind. Der Autor verpflichtet sich, sie auch nachträglich nicht an anderen Stellen zu publizieren.

Die Mitarbeiter erhalten von ihren Arbeiten zusammen 25 Freiexemplare.

Manuscripts should be addressed to/Envoyer les manuscrits à/Manuskripte sind zu senden an:

Prof. Dr. A. BRODAL, Universitetet i Oslo, Anatomisk Institutt, Karl Johans Gate 47 (Domus Media), Oslo 1/Norwegen.

Prof. W. HILD, Department of Anatomy, The University of Texas Medical Branch, Galveston, Texas 77550 (USA).

Prof. Dr. R. ORTMANN, Anatomisches Institut der Universität, 5 Köln-Lindenthal, Lindenburg.

Prof. Dr. T. H. SCHIEBLER, Anatomisches Institut der Universität, Koellikerstraße 6, 87 Würzburg.

Prof. Dr. G. TÖNDURY, Direktion der Anatomie, Gloriastraße 19, CH-8006 Zürich.

Prof. Dr. E. WOLFF, Collège de France, Laboratoire d'Embryologie Expérimentale, 49 bis Avenue de la belle Gabrielle, Nogent-sur-Marne 94/France.

Ergebnisse der Anatomie und Entwicklungsgeschichte
Advances in Anatomy, Embryology and Cell Biology
Revues d'anatomie et de morphologie expérimentale

40 · 2

Editores

A. Brodal, Oslo · W. Hild, Galveston · R. Ortmann, Köln
T. H. Schiebler, Würzburg · G. Töndury, Zürich · E. Wolff, Paris

Dieter Sasse

Glykogen in der Ontogenese des Verdauungstrakts

Chemomorphologische und stoffwechselhistochemische Analyse

Mit 10 Abbildungen

Springer-Verlag Berlin Heidelberg GmbH 1968

Priv.-Doz. Dr. med. Dieter Sasse
Anatomisches Institut der Universität Tübingen

Mit Unterstützung durch die Deutsche Forschungsgemeinschaft

ISBN 978-3-540-04086-6   ISBN 978-3-642-86877-1 (eBook)
DOI 10.1007/978-3-642-86877-1

Inhalt

I. Einleitung

Die klassische Embryologie beschreibt die Entstehung und Änderung von Formen und Strukturen im Verlauf der Entwicklung eines Organismus. Sie richtet damit ihr Hauptaugenmerk auf die *Morphogenese*. Die Prozesse der Formentstehung und des Formwandels haben aber auch einen *stoffwechselmäßigen* Aspekt. Mit den Methoden der Histochemie lassen sich durch den Nachweis von Stoffen (Substrate, Enzyme, Produkte) und deren Zuordnung zu morphologischen Elementen gewisse Einblicke in die örtliche und zeitliche Stoffwechselsituation im embryonalen Organismus gewinnen. Auf diese Weise kann die überwiegend *statische* Betrachtungsweise der beschreibenden Embryologie in *funktioneller* Richtung erweitert werden.

Erste Versuche, chemisch definierte Substanzen auch im embryonalen Organismus zu lokalisieren, sind früh unternommen worden; so konnte beispielsweise mit der Jodmethode Glykogen in verschiedenen embryonalen Geweben nachgewiesen werden (BERNARD, 1859, u. a.). Doch blieben solche Untersuchungen wegen der ungenügenden technischen Möglichkeiten lange Zeit problematisch und die Ergebnisse unbefriedigend. Erst in neuerer Zeit wurden die Methoden entwickelt, die zu der bemerkenswerten Entfaltung der heutigen histochemischen Forschung geführt haben. Doch ist die moderne Histochemie im Gegensatz zu ihrer Anwendung auf Gewebe erwachsener Organismen in der Embryologie wegen vieler damit verbundener Schwierigkeiten (spezielle Methodik, Untersuchungsmaterial, technischer Aufwand) erst in relativ geringem Umfang eingesetzt worden. Doch können gerade durch die Anwendung histochemischer Methoden auf das prä- und postnatale Entwicklungsgeschehen — über die morphologische Deskription hinaus — wertvolle Einblicke auch in die Funktionsentwicklung gewonnen werden.

II. Problemstellung

Die histochemische Bearbeitung embryonaler Objekte hat zwei Voraussetzungen: einmal muß eine zeitlich möglichst *dichte Folge von Entwicklungsstadien* zur Verfügung stehen, zum anderen ist die Herstellung *lückenloser Schnittserien*, möglichst in verschiedenen Schnittebenen notwendig. Nur so ist es möglich, alle wesentlichen Phasen der Morphogenese absolut sehr kleiner Organanlagen mit einiger Sicherheit zu erfassen.

Die Notwendigkeit zur Bereitstellung eines sehr großen Schnittmaterials (im vorliegenden Fall ca. 50000 Serienschnitte) erlaubt zwar einerseits die gleichzeitige *vergleichende Untersuchung vieler bzw. aller Organanlagen*, zwingt aber andererseits zur *Beschränkung auf wenige färberische oder histochemische Methoden*, da die charakteristischen Organstellen jeweils nur in wenigen Schnitten vorliegen. Die Anwendung weiterer Methoden erfordert stets eine Vervielfachung der herzustellenden Schnittserien, wodurch zumeist die gegebenen technischen Möglichkeiten überschritten werden.

Das *Ziel histochemischer Untersuchungen von Entwicklungsvorgängen ist die Ermittlung stoffwechselmäßiger Kennzeichen und ihre Zuordnung zu bestimmten Differenzierungsschritten*, z.B. der Organogenese. Wenn man erwartet, über eine Sammlung von Einzeldaten hinaus *allgemeine Gesetzmäßigkeiten* zu finden, dann ist die Untersuchung von Einzelorganen wenig aussichtsreich, es müssen vielmehr zahlreiche Organanlagen, welche möglichst in einem Systemzusammenhang stehen, geprüft und verglichen werden. Aus diesen Gründen wird sich die *vorliegende Untersuchung mit zahlreichen Derivaten des embryonalen Verdauungsrohrs* beschäftigen, wobei sich die Auswahl — die aus Gründen des Umfangs notwendig war — von der Absicht herleitete, zwar systematisch verwandte, aber doch möglichst unterschiedliche Objekte zu vergleichen.

Da für die Projektion histochemischer Daten auf die Morphologie der Entwicklung des Verdauungskanals beim *Goldhamster* nicht auf bereits vorliegende detaillierte systematische Untersuchungen zurückgegriffen werden konnte, war zunächst die *Morphogenese des Verdauungssystems* zu bearbeiten mit dem Hauptziel, für jedes Organ den *Zeitplan* der charakteristischen Entwicklungsstufen zu ermitteln. Diese Zeitpläne werden den einzelnen Organkapiteln vorausgeschickt und stellen das Bezugssystem für die histochemischen Daten dar.

Aus den bereits erwähnten Gründen ergab sich für die histochemische Bearbeitung die Notwendigkeit zur Beschränkung auf einen Problemkreis: die *Glykogenvorkommen* und ihre mögliche Verknüpfung mit der *Nucleotidsynthese* durch das Leitenzym *Glucose-6-Phosphat-Dehydrogenase*.

1. Glykogen

Seit Einführung der Jodmethode (BERNARD, 1859) und jeweils durch methodische Verbesserungen (Carminfärbung; BEST, 1903; Speicheltest; v. GIERKE, 1905; Chromat-Leukofuchsinreaktion; BAUER, 1933) erneut angeregt, sind außerordentlich zahlreiche Einzeldaten über histochemische Glykogenbefunde auch an embryonalen Geweben erhoben und mitgeteilt worden (vgl. GRAUMANN, 1964). Einen entscheidenden weiteren methodischen Fortschritt brachte die Entwicklung der Perjodat-Leukofuchsintechnik (McMANUS, 1946). Diese wurde ergänzt durch eine wesentliche Verfeinerung der Fixierungstechnik (SASSE und GRAUMANN, 1965), so daß die Histologie jetzt über fast optimale Möglichkeiten zum topochemischen Glykogennachweis verfügt.

Über die funktionelle Bedeutung der Glykogenvorkommen in embryonalen Organismen ist viel spekuliert worden (Schrifttum bei GRAUMANN, 1964), ohne daß dieses Problem bereits gelöst werden konnte. Zu diesen spekulativen Thesen gehört auch die Vermutung SUNDBERGs (1924), daß Glykogen möglicherweise als Ausgangssubstanz für den Kohlenhydratanteil der Nucleinsäuren in Frage kommen könnte. In diese Richtung weisen auch Beobachtungen über Beziehungen von Glykogenvorkommen und Wachstumsprozessen (JORDAN, 1927). Nach der Entdeckung des Pentose-Phosphatcyclus haben diese Vermutungen eine reale Basis erhalten (vgl. ARNOLD, 1965).

Mit moderner Methodik ist das Verhalten von Glykogenvorkommen in embryonalen Objekten bisher nur von wenigen Autoren untersucht worden (GRAUMANN, 1953: Maus; SEO, 1955: Ratte; CHIQUOINE, 1957: Maus; ROSSI et al., 1954; McKAY et al., 1955, 1956, und HERTIG et al., 1958: Mensch). Es ist daher ein Anliegen der vorliegenden Arbeit, die Glykogenverteilung in den Derivaten des Darmrohres während der gesamten pränatalen Entwicklung an eng seriierten Stadien zu ermitteln. Auf dieser Befundbasis soll dann die Frage eines möglichen Zusammenhanges mit dem Pentose-Phosphatcyclus geprüft werden.

2. Glucose-6-Phosphat-Dehydrogenase (G-6-P-DH)

Durch die Untersuchungen vor allem der Arbeitsgruppen um HORECKER und DICKENS ist ein weiterer Abbauweg der Glucose über den sog. Pentose-Phosphatcyclus bekannt geworden (Übersicht: HOLLMANN, 1961), in dessen Verlauf aus Hexosen Pentosen bereitgestellt werden. Am Eingang in diesen Cyclus steht das spezifische Enzym G-6-P-DH, das die Umwandlung von Glucose-6-Phosphat zu 6-Phospho-Gluconat über das hypothetische Zwischenprodukt 6-Phospho-Glucono-δ-Lacton katalysiert. Die G-6-P-DH, welche mit dem von WARBURG (1937) beschriebenen „Zwischenferment" identisch ist, kann als ein „Leitenzym" des Pentose-Phosphatcyclus angesehen werden, d.h. daß der Nachweis dieses Enzyms als Indiz für das Vorliegen des obengenannten Stoffwechselweges gelten kann.

Obwohl der Aktivitätsnachweis der G-6-P-DH — wie praktisch aller Dehydrogenasen — mit einer Tetrazoliumtechnik mit zu den am besten gesicherten Methoden der histochemischen Technik gezählt werden darf, gibt es erst wenige Untersuchungen der Aktivität dieses Enzyms während der Embryonalentwicklung. Erste an Seeigeleiern erhobene Befunde teilte BÄCKSTRÖM (1959) mit; SOROKIN (1961) fand G-6-P-DH in der Lungenanlage der Ratte aktiv; FULLMER (1963) und MIZUSHIMA (1964) wiesen das Enzym in der Zahnanlage der Ratte nach und COQUOIN-CARNOT et al. (1966) bestimmten es biochemisch und histochemisch in der Rattenleber gegen Ende der Gravidität. Lediglich zwei Autoren haben bisher die Aktivität der G-6-P-DH mit dem Glykogengehalt in embryonalen Geweben verglichen, JACQUOT und KRETCHMER (1963) in der Rattenleber und SASSE (1966) in der Urdarmanlage des Goldhamsters.

Im Gegensatz zu diesen wenigen histochemischen Angaben unterstreicht eine Fülle von biochemischen Arbeiten die große Bedeutung des Glucoseabbaus über den Pentose-Phosphatcyclus für die Bereitstellung von Pentosen für die Nucleinsäurebiosynthese. Im Hinblick auf die wichtige stoffwechselmäßige Stellung dieses Enzyms ist es ein weiteres Hauptanliegen dieser Untersuchung, die Verteilung der G-6-P-DH-Aktivität in den Derivaten des Darmrohres zu prüfen und einem eventuellen Zusammenhang zwischen Enzymaktivität und Glykogenvorkommen nachzugehen.

3. Ribonucleinsäure (RNS)

Aufgrund cytochemischer Befunde konnten CASPERSSON (1941) und BRACHET (1942) auf einen engen Zusammenhang zwischen cytoplasmatischer — auf RNS zu beziehender — Basophilie und Proteinsynthese schließen. Diese Vorstellung ist in der Folgezeit durch zahlreiche biochemische, cytochemische und elektronenmikroskopische Befunde immer wieder bestätigt worden (Zusammenfassung: HARBERS, 1964). Da alle Wachstums- und Differenzierungsprozesse auch embryonaler Gewebe die Eiweißbildung voraussetzen, kommt Untersuchungen über die Verteilung und die Ausbildung von Konzentrationsgradienten der RNS ein erhebliches histochemisch-embryologisches Interesse zu. Mit der von BRACHET (1940) modifizierten Methylgrün-Pyroninfärbung und der Gallocyanin-Chromalaunfärbung (EINARSON, 1951) lassen sich in Verbindung mit einer Kontrolle durch Ribonuclease RNS und DNS histochemisch darstellen und unterscheiden. In grundlegenden Untersuchungen konnte BRACHET (Zusammenfassungen 1950 und 1959) zeigen, daß es während der Embryonalentwicklung immer dort zu einer hohen RNS-Syntheseleistung kommt, wo morphogenetische Prozesse ablaufen. Ein topographischer Zusammenhang von Arealen hoher RNS-Konzentration mit Differenzierungsvorgängen wurde in der Folge mehrfach anhand von Einzelbefunden herausgestellt (Übersicht: BRACHET, 1959; VENDRELY und VENDRELY, 1959). HINRICHSEN (1959) fand ebenfalls bei einer Spezialstudie zu dieser Frage, daß während der Embryonalentwicklung der Maus lokale Differenzen im RNS-Gehalt und der zeitliche Ablauf von Konzentrationsänderungen in enger Beziehung zu Form- und Strukturbildungen stehen. Außerdem machte er erstmals an einigen charakteristischen Objekten auf ein alternatives Auftreten von RNS und Glykogen aufmerksam.

Es kann als sichergestellt angenommen werden, daß der lokalen RNS-Konzentration eine zentrale Bedeutung für morphogenetische Prozesse zukommt. Der histochemische Nachweis eines zu einem bestimmten Zeitpunkt einsetzenden örtlichen Konzentrationsanstiegs ist ein sicherer Hinweis auf eine wachstumsbedingte Steigerung der Proteinsynthese. Andererseits ist die Bereitstellung der Nucleotid-Bausteine Voraussetzung für jede Nucleinsäurebiosynthese. Als Indicator für die Bereitstellung der für die Nucleotidsynthese benötigten Pentosen aus dem Pentose liefernden Glucoseabbauweg kann der Nachweis der G-6-P-DH-Aktivität gelten.

In der vorliegenden Untersuchung soll das Verhalten der RNS während der Morphogenese der Derivate des Darmrohres unter dem speziellen Gesichtspunkt topographischer und zeitlicher Beziehungen zum Glykogengehalt und zur G-6-P-DH-Aktivität untersucht werden.

Die hauptsächlichen *Zielsetzungen dieser an pränatalen Entwicklungsstadien des Goldhamsters durchgeführten Untersuchung* können wie folgt zusammengefaßt werden:

1. Ermittlung eines genauen Zeitplans für die Morphogenese des Verdauungstrakts und seiner Derivate.

2. Histochemische Untersuchung der Verteilung und des Verhaltens von Glykogen, G-6-P-DH und RNS in embryonalen Geweben in Abhängigkeit von Ort und Zeit.

3. Bestimmung des gegenseitigen Verhaltens der drei untersuchten Stoffe mit der besonderen Fragestellung nach einem etwa gleichzeitigen oder alternativen Auftreten am gleichen Ort.

4. Auswertung der so gewonnenen histochemischen Merkmale für die Abgrenzbarkeit und Früherkennung von Proliferations- und Differenzierungsprozessen.

5. Versuch einer Interpretation des histochemisch ermittelten Stoffverhaltens.

III. Material und Methoden
1. Untersuchungsmaterial

a) Versuchstiere und Zucht. Für die Untersuchung waren Embryonen in relativ dichten Entwicklungsabständen zu gewinnen. Dies setzt die Möglichkeit einer exakten *Altersbestimmung* der Embryonen vor der Tötung der Muttertiere voraus. Aus diesem Grund wurde der Goldhamster (*Mesocricetus auratus Waterhouse*) als Versuchstier gewählt, der in institutseigener Zucht gehalten wurde. Er eignet sich wegen seiner hohen Vermehrungsrate, der Kürze der Tragzeit (16 Tage) und insbesondere wegen des relativ gut fixierten Ovulationstermins besonders gut. Die Altersbestimmung wurde auf der Basis des Ovulationstermins vorgenommen, dessen Zeitpunkt um 1 Uhr des Tages angenommen wurde, welcher auf den Tag der beobachteten Kopulation (zwischen 18 und 19 Uhr) der sonst getrennt gehaltenen Partner folgte (Ward, 1948).

Zur Gewinnung der einzelnen pränatalen Entwicklungsstadien wurden die Muttertiere durch Leuchtgasinhalation getötet. Dabei wurde weiter so verfahren, daß bis zum Stadium 9 d, 8 h einschließlich die isolierten Fruchtknoten sofort nach Entnahme, bei meist noch schlagendem Herzen des Muttertieres, in toto fixiert wurden. Die daran anschließenden Stadien wurden als Fruchtknoten kurz anfixiert, nach etwa 30 min in der Fixierungsflüssigkeit eröffnet und die Embryonen unter dem Stereomikroskop frei präpariert. Ab dem 12. Entwicklungstag wurden die Feten aus dem eröffneten Uterushorn mit intaktem Amnion entnommen und dieses erst in der Fixierungsflüssigkeit eröffnet.

b) Fixierung und Nachbehandlung. Aufgrund von Voruntersuchungen (Sasse und Graumann, 1965) erfolgte die Fixierung für den *Glykogennachweis* durch das Pikrinsäure-Formol-Alkohol-Eisessiggemisch nach Gendre (Romeis, § 1093, 1948) bei 0° C. Diese Methode führt zu besonders guten Ergebnissen hinsichtlich einer feinkörnigen bis homogenen Glykogenpräcipitation bei höchstens minimaler Glykogenverlagerung. Nach einer solchen Fixierung ist bei gleichzeitig befriedigender Strukturerhaltung Glykogen auch noch in sehr geringen Quantitäten nachweisbar und streng auf seine intracelluläre Lage beschränkt.

Vielfach wird die Frage aufgeworfen, ob beide, bzw. welche der beiden hypothetischen Glykogenfraktionen — lösliches Lyoglykogen und gebundenes Desmoglykogen — histochemisch erfaßt werden. Nach neueren elektronenmikroskopischen Befunden scheint jedoch Glykogen stets im Zusammenhang mit vesiculären Formationen des glatten endoplasmatischen Reticulum vorzukommen, so daß immer auf das Vorliegen eines Protein-Glykogenkomplexes geschlossen werden darf (PORTER und BRUNI, 1960). Somit läßt sich die Frage nach der Verschiedenheit von Glykogenvorkommen heute mehr auf den Polymerisationsgrad einengen. Der Durchmesser von Glykogenkomplexen liegt nach THEMANN (1963) bei etwa 200—500 nm und damit praktisch unter der Auflösungsgrenze des Lichtmikroskops. Es darf deshalb angenommen werden, daß eine cytochemische Glykogendarstellung in homogener bis fein-granulärer Form dem intravitalen Zustand am nächsten kommt.

Alle für den histochemischen Polysaccharidnachweis vorgesehenen Embryonalstadien wurden einheitlich 24 Std in dem auf 0° C ($\pm$ 0,1° C) thermostatierten Gendreschen Gemisch fixiert. Anschließend erfolgte innerhalb 1 Std die Erwärmung auf Raumtemperatur (RT). Die Einbettung erfolgte nach Entwässern in Äthanol abs. in üblicher Weise über Methylbenzoat und Benzol in Paraffin (präpariertes Mischparaffin, Fa. E. Merck) vom Schmelzpunkt 51—53° C.

Für den *Nachweis der RNS* wurde das von BRACHET (1950) für diesen Zweck empfohlene Äthanol-Chloroform-Eisessiggemisch von CARNOY (ROMEIS, § 226, 1948) verwendet. Die Fixierung erfolgte 24 Std bei 0° C. Anschließend wurden die Objekte in drei Portionen Äthanol abs. behandelt, davon 30 min bei 0° C, 30 min 0° C $\rightarrow$ RT und 30 min bei RT. Die Einbettung erfolgte über Methylbenzoat und Benzol in Paraffin (präpariertes Mischparaffin, Fa. E. Merck) vom Schmelzpunkt 51—53° C.

Die histochemische Untersuchung des RNS-Bestandes einer Zelle erlaubt vorerst keine Unterscheidung der einzelnen RNS-Fraktionen. Es kann demnach auch keine Aussage darüber gemacht werden, ob durch die Zusammensetzung oder die Einwirkungszeit eines Fixierungsgemisches einzelne Fraktionen eher als andere extrahiert werden. Es darf jedoch angenommen werden, daß die durch Carnoysches Gemisch extrahierbare RNS (ARNOLD und SCHNEIDER, 1966) vor allem die sRNS betrifft. Allgemein wird zum histochemischen RNS-Nachweis eine kürzere als die hier verwendete Fixierungszeit empfohlen. Jedoch hatten Vorversuche ergeben, daß die ermittelte Durchdringungszeit für Carnoysches Gemisch von 1 mm in 1—2 Std nicht auf die sehr dichten Gewebe der Fruchtknoten anzuwenden war, wobei erst nach 24 Std eine optimale Fixierung erreicht war. Aus Gründen der Einheitlichkeit wurden deshalb alle Stadien 24 Std fixiert, so daß evtl. fixierungsbedingte RNS-Verluste alle Objekte gleichermaßen betrafen.

Die für den histochemischen Glykogen- bzw. RNS-Nachweis vorgesehenen Embryonen wurden bei einer Schnittdicke von 10 μm in Serie geschnitten. Die Streckung der Schnitte auf dem Objektträger erfolgte auf entgastem destilliertem Wasser.

Glucose-6-Phosphat-Dehydrogenase wird durch praktisch alle chemischen Fixantien weitgehend inaktiviert. Es war deshalb notwendig, von den in Frage kommenden Embryonalstadien Nativschnitte anzufertigen. Jedoch ist es nicht ohne weiteres möglich, die für adulte Gewebe vielfach erprobte Kryostattechnik direkt auf embryonales Material zu übertragen.

Üblicherweise werden die für native Gefrierschnitte vorgesehenen Objekte mit Kohlensäureschnee (—60 bis —70° C) eingefroren und anschließend im Kryostaten auf die Raumtemperatur von —20° C gebracht. Ein solches Vorgehen führt aber bei den sehr wasserreichen embryonalen Geweben und den Fruchthüllen meist zu Zerreißungen und Zersplitterungen, wodurch die Schnitte unbrauchbar werden. Im vorliegenden Fall konnten diese Schwierigkeiten durch Verwendung des Kryotom WKF mit eingebautem thermostatierten Gefriertisch Frigomat umgangen werden. Die Embryonen wurden — bei einer Raumtemperatur von —20° C bei etwa —15° C aufgefroren. Diese relativ hohe Temperatur des Objektes, die über der des Messers liegt, verleiht den Geweben so viel Geschmeidigkeit, daß sie ohne zu splittern geschnitten werden können. Selbst die großen Objekte unmittelbar pränataler Stadien (ca. 1,5 cm) konnten auf diese Weise in toto geschnitten werden.

Große Schwierigkeiten ergeben sich auch bei der Manipulation und der Orientierung der frisch entnommenen Embryonen auf dem Gefriertisch. Das sehr weiche embryonale Gewebe verbietet die Verwendung von Pinzetten. Junge Stadien, die mitsamt den Fruchthüllen geschnitten werden, lassen sich dabei noch relativ gut handhaben, jedoch ist die Schnittrichtung der Embryonen dem Zufall überlassen. Bei älteren Stadien wurde so verfahren, daß sie mit intaktem Amnion aus dem Uterushorn entnommen wurden, dann wurde das Amnion angeritzt, wodurch die Flüssigkeit auslief. Der Embryo konnte dann an den leeren Fruchthüllen angefaßt und auf den Gefriertisch gebracht werden. Dabei wurde auf eine möglichst exakte Seitenlage geachtet.

Aus praktischen wie aus ökonomischen Gründen können die in Serie gefriergeschnittenen Embryonen nicht vollständig inkubiert werden. Deshalb wurden entweder Einzelschnitte in jeweils bestimmten Abständen für die Inkubation ausgewählt, oder aber es wurden zur Auffindung kleinerer Organe oder Organanlagen einzelne HE-Färbungen durchgeführt, um eine Orientierung zu ermöglichen. Wurde dennoch ein kleineres Organ „verpaßt", bzw. ging der Schnitt verloren, so wurde das geschilderte Verfahren an den gleichzeitig mit eingefrorenen Geschwisterstadien wiederholt.

Alle so vorbehandelten Embryonalstadien wurden einheitlich 20 μm dick geschnitten, auf Deckgläser aufgezogen und mit unterlegtem Finger kurz angetaut. Unmittelbar danach wurden sie in das Inkubationsmedium eingebracht.

2. Histochemische Nachweise

An den Paraffinschnitten wurden folgende Färbungen und Reaktionen ausgeführt:

a) Zum Nachweis von kohlenhydrathaltigen Materialien

α) *Perjodsäure-Leukofuchsinreaktion* nach McManus (1946) mit der Modifikation des Schiffschen Reagens nach Graumann (Lipp, 1954). Allgemeine Gruppenreaktion, die mit praktisch zu vernachlässigenden Ausnahmen ausschließlich kohlenhydrathaltige Materialien erfaßt, wie Polysaccharide, Mucoproteide usw.

β) *Perjodsäure-Leukofuchsinreaktion nach Diastasevorbehandlung* (Graumann und Clauss, 1959) zur Identifizierung von Glykogen.

γ) *Perjodsäure-Leukofuchsinreaktion kombiniert mit Alcianblaufärbung* (Gomori, 1954) zum gleichzeitigen Nachweis von neutralen und sauren Polysacchariden.

ϑ) *Perjodsäure-Leukofuchsinreaktion und Kernfärbung mit Hämalaun* zur allgemeinen histologischen Übersicht.

b) Zum Nachweis von Nucleinsäuren

α) *Gallocyanin-Chromalaunfärbung* (Einarson, zit. nach Pearse, 1960), nach dreimaligem Ausschütteln mit Chloroform, Färbung bei pH 1,64; zur Darstellung von RNS und DNS. Keine histochemische Reaktion, sondern eine kontrollierte Färbung, welche sich aber durch eine strenge Elektivität auszeichnet. Da RNS und DNS gleichermaßen gefärbt werden, muß die Färbung durch Kontrollmethoden ergänzt werden.

β) *Gallocyaninfärbung nach Ribonucleasevorbehandlung* (Lipp, 1954) zur Identifizierung von RNS. Verwendet wurde die fünfmal kristallisierte Ribonuclease, reinst aus Pankreas (Fa. Serva).

γ) *Methylgrün-Pyroninfärbung* (Kurnick, 1955, zit. nach Pearse, 1960), zur färberisch differenten Darstellung von RNS und DNS. Auch dieses Verfahren ist keine histochemische Reaktion, sondern eine Färbung, die auf der unterschiedlichen Affinität der DNS für Methylgrün und der RNS für Pyronin beruht. Auch diese Färbung bedarf der Spezifitätskontrollen.

ϑ) *Methylgrün-Pyronin nach Ribonucleasevorbehandlung* zur Identifizierung von RNS. Verwendet wurde die fünfmal kristallisierte Ribonuclease, reinst aus Pankreas (Fa. Serva).

c) Für die allgemein-histologische Untersuchung

Hämalaun-Erythrosinfärbung (Romeis, § 659, 1948).

An den nativen Kryostatschnitten erfolgte der:

d) Nachweis der Glucose-6-Phosphat-Dehydrogenase

Der Nachweis der Aktivität von Glucose-6-Phosphat-Dehydrogenase wurde in Anlehnung an die Angaben von Rudolph (1964) durchgeführt, wobei unter Berücksichtigung der Untersuchungen von Meier-Ruge (1965) als Wasserstoffacceptor Tetranitro-Blue-Tetrazolium (TNBT) der Fa. Mann benutzt wurde. Native Gefrierschnitte wurden eingebracht in ein Inkubationsmedium aus: 4 mg Glucose-6-Phosphat, 5 mg TPN, 6 ml Aqua dest., 4 ml Trispuffer pH 7,2, 2 mg Tetra-Nitro-BT.

Das pH des fertigen Inkubationsmedium lag zwischen 7,0 und 7,2. Die Inkubationsdauer war einheitlich 40 min. Anschließend wurde kurz in Aqua dest. abgespült und in Glyceringelatine zur mikroskopischen Untersuchung eingeschlossen. In diesem Medium sind die Präparate über einige Wochen haltbar. Das Reaktionsprodukt besitzt eine bräunliche bis violette Farbe.

Kontrollen: Inkubation ohne Substrat.

3. Altersgliederung des Untersuchungsmaterials

Den vorliegenden Untersuchungen liegen 59 überwiegend nahezu lückenlose Paraffinschnittserien sowie insgesamt 18 oftmals ebenfalls in Serie geschnittene Entwicklungsstadien von Nativmaterial für die enzymhistochemischen Untersuchungen zugrunde. Das verwendete Material gliedert sich wie folgt auf (Tabelle 1 und 2).

Tabelle 1. *Paraffinschnitte*

Stadium	Polysaccharidnachweis	Schnittebene	Nucleinsäurenachweis	Schnittebene
2 d, 16 h	PSL/PSL-H		GA.-CHR.	
3 d, 10 h			MG.-PY.	
4 d, 16 h	PSL/PSL-H			
5 d, 8 h	PSL/ALC.-BL.	senkrecht	MG.-PY.	senkrecht
5 d, 14 h	PSL/PSL-H	zur Achse		zur Achse
6 d, 2 h	PSL/ALC.-BL.	des Uterushorns		des Uterushorns
6 d, 8 h	PSL/PSL-H			
6 d, 11 h	PSL/PSL-H/HE		GA.-CHR.	
6 d, 16 h	PSL/PSL/H		MG.-PY.	
7 d, 8 h	PSL/ALC.-BL.		MG.-PY.	
7 d, 18 h	PSL/PSL-H			
8 d, 0 h	PSL/PSL-H			
8 d, 2 h	PSL/ALC.-BL.			
8 d, 8 h	PSL/PSL-H	transversal		
8 d, 9 h	PSL/PSL-H	transversal		
8 d, 16 h	PSL/PSL-H	sagittal	MG.-PY.	sagittal
9 d, 0 h	PSL/PSL-H	frontal	MG.-PY.	frontal
9 d, 2 h	PSL/ALC.-BL.	sagittal	MG.-PY.	frontal
9 d, 8 h	PSL/ALC.-BL.	frontal		
9 d, 8 h	PSL/ALC.-BL.	transversal		
9 d, 13 h	PSL/ALC.-BL.	sagittal		
9 d, 16 h	PSL/ALC.-BL.	sagittal	MG.-PY.	sagittal
10 d, 2 h	PSL/ALC.-BL.	sagittal	GA.-CHR.	sagittal
10 d, 8 h	PSL/ALC.-BL.	sagittal	MG.-PY.	sagittal
10 d, 11 h	PSL/ALC.-BL.	frontal		
10 d, 14 h	PSL/ALC.-BL.	frontal	MG.-PY.	sagittal
10 d, 14 h			MG.-PY.	frontal
11 d, 8 h	PSL/PSL-H	sagittal		
11 d, 11 h	PSL/HE	sagittal		
11 d, 12 h			MG.-PY.	frontal
11 d, 14 h	PSL/ALC.-BL.	frontal	MG.-PY.	sagittal
11 d, 16 h	PSL/PSL-H/HE	sagittal		
12 d, 8 h	PSL/ALC.-BL.	frontal	MG.-PY.	frontal
12 d, 11 h	PSL/ALC.-BL.	frontal	MG.-PY.	sagittal
12 d, 14 h	PSL/ALC.-BL.	sagittal	MG.-PY.	sagittal
12 d, 16 h			MG.-PY.	frontal
13 d, 9 h	PSL/ALC.-BL.	sagittal	MG.-PY.	sagittal
13 d, 9 h	PSL/ALC.-BL.	frontal	MG.-PY.	transversal
14 d, 10 h	PSL/ALC.-BL.	sagittal		
15 d, 8 h	PSL/ALC.-BL.	sagittal	MG.-PY.	sagittal

Abkürzungen: PSL = Perjodat-Leukofuchsinreaktion. PSL-H = Perjodat-Leukofuchsinreaktion gegengefärbt mit Hämalaun. PSL/ALC.-BL. = Perjodat-Leukofuchsinreaktion gegengefärbt mit Alcian-Blau. GA.-CHR. = Gallocyanin-Chromalaun. MG.-PY. = Methylgrün-Pyronin.

Tabelle 2. *Gefrierschnitte*

Stadium	G-6-P-DH	Stadium	G-6-P-DH
6 d, 9 h	*	10 d, 9 h	**
7 d, 9 h	*	11 d, 8 h	*
7 d, 10 h	*	11 d, 10 h	**
8 d, 8 h	*	12 d, 8 h	*
8 d, 9 h	*	12 d, 9 h	*
8 d, 10 h	*	13 d, 9 h	**
9 d, 8 h	*	14 d, 9 h	*
9 d, 9 h	*		

* = Embryonen von einem Muttertier. ** = Embryonen von zwei Muttertieren.

Die Schnittrichtungen bei frühen Stadien ergaben sich aus der zufälligen Lage der Embryonen in den Fruchtknoten, ältere Stadien (vom 10. Tag an) wurden seitlich für annähernde Sagittalschnitte aufgefroren.

IV. Befunde

1. Das Ausgangsmaterial

Urdarm

Zeitplan: 2 d, 16 h   frei im Uterus liegende späte Morula mit noch intakter Membrana pellucida

3 d, 10 h   Blastocyste noch nicht angeheftet, frei im Lumen

5 d, 8 h   Blastocyste im frühen Implantationsstadium; Anlage des Ektoplacentarkonus

6 d, 2 h   Ei im Stadium der einheitlichen Proamnionhöhle und des fast vollendeten Dottersacks; bereits erfolgte Ausbildung einer inneren Zellschicht (Ektoderm) und einer äußeren Zellschicht (Entoderm) im Bereich der Embryonalanlage

6 d, 11 h   Mesenchymbildung; Anlage des Exocöloms

7 d, 8 h   Keim in drei Höhlen aufgegliedert: Amnionhöhle, Exocölom, Ektoplacentarhöhle; Allantois ragt knopfförmig in das Exocölom; Primitivstreifen

Auftreten der Urdarmgrube

7 d, 18 h   beginnende Abfaltung des Darmrohres vom Entoderm.

Im Alter von 7 d, 8 h, also etwa 2 Tage nach Beginn der Implantation, besitzt das Ei des Goldhamsters bereits eine verhältnismäßig komplizierte Organisation. Am Aufbau sind alle drei Keimblätter beteiligt. Nach seiner konstanten Orientierung im quergeschnittenen Uterushorn können am Ei zwei Pole unterschieden werden: der antimesometral gelegene embryonale Pol, von dessen Zellschichten die Bildung des eigentlichen Embryo ausgeht und der mesometral gelegene abembryonale Pol, der sich frühzeitig zum Resorptionsorgan ausbildet. Infolge der sog. Keimblattumkehr liegt in der Embryonalanlage das Entoderm außen. Dieses Entoderm bildet gleichzeitig das sog. viscerale Blatt des Dottersacks, das in einer mesometral gelegenen Umschlagsfalte in das parietale Blatt übergeht. Auf der

Höhe des embryonalen Keimblasenpols findet sich in diesem Stadium ein umschriebener Bezirk, welcher dadurch ausgezeichnet ist, daß hier die Zellen des sonst flachen Entodermepithels wesentlich höher sind und bis an das Ektodermepithel heranreichen. Es handelt sich hier um die *Anlage des Urdarms*, die sog. Urdarmgrube.

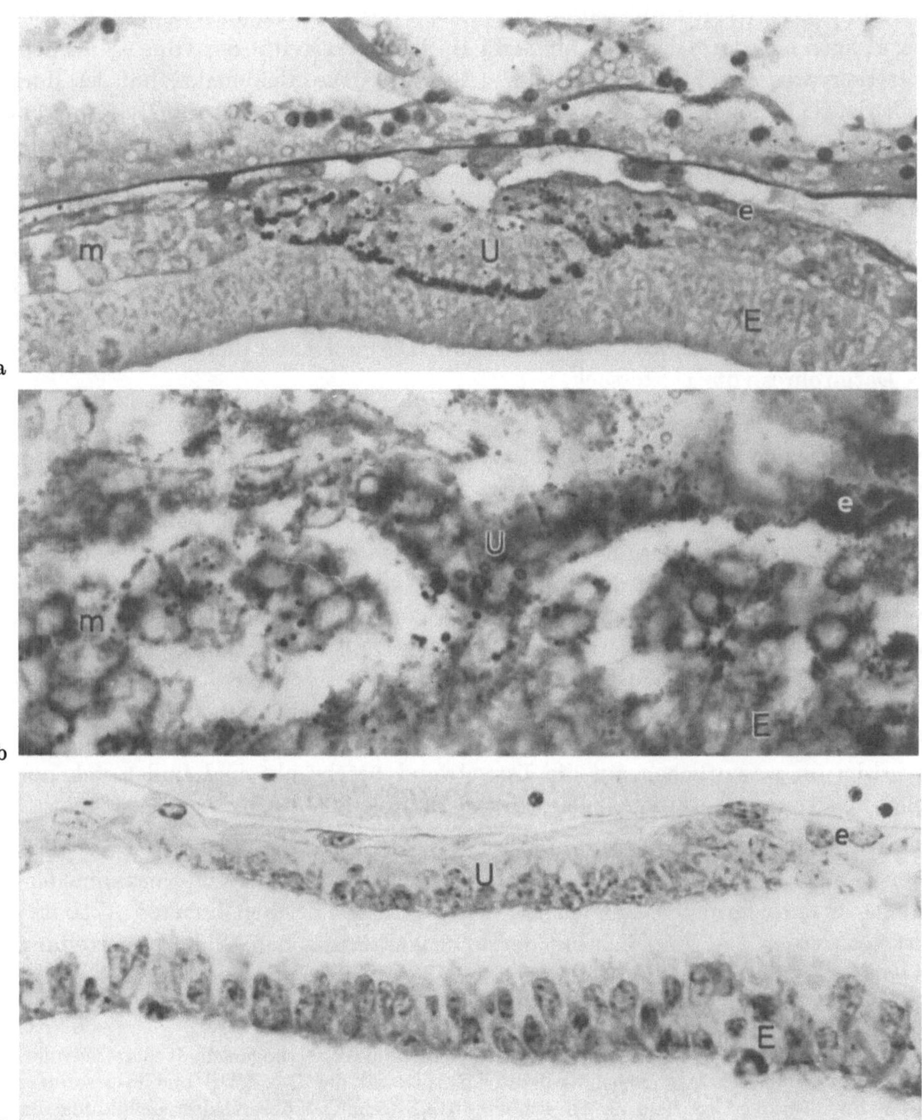

Abb. 1a—c. Urdarmanlage (7 d, 8 h). a Perjodsäure-Leukofuchsin/Alcianblau, transversal; Zellen der Urdarmgrube glykogenreich, bevorzugt in der Kontaktzone zum Ektoderm. b Glucose-6-Phosphat-Dehydrogenase, transversal; hohe Enzymaktivität in den Zellen der Urdarmgrube; geringere Aktivität im Mesenchym; schwache Aktivität im Ektoderm. c Methylgrün-Pyronin, schräg-sagittal; Zellen der Urdarmgrube RNS-reich, vor allem im rechts angeschnittenen Randbezirk. Durch Fixierung bedingte Trennung von Entoderm und Ektoderm. (*U* Urdarmgrube, *e* Entoderm, *m* Mesenchym, *E* Ektoderm)

Histochemisch ist dieser Bereich des Entoderm durch seinen Glykogenreichtum ausgezeichnet (Abb. 1a). Abgesehen von Glykogeneinlagerungen im extraembryonalen Ektoderm besitzt somit die Urdarmgrube den ersten Glykogengehalt des eigentlichen Embryonalkörpers; sie unterscheidet sich aufgrund dieses histochemischen Merkmals als Organanlage scharf von ihrer Umgebung.

Zum gleichen Zeitpunkt tritt in den Zellen der Urdarmanlage eine gegenüber den übrigen entodermalen Abschnitten gesteigerte Aktivität der Glucose-6-Phosphat-Dehydrogenase (G-6-P-DH) auf (Abb. 1b). Die Enzymaktivität ist dort auch deutlich höher als im Ektoderm und Mesenchym. Neben Glykogenvorkommen und erhöhter Enzymaktivität findet sich im Bereich der Urdarmgrube auch eine auf RNS zu beziehende stärkere Pyroninophilie, die besonders an den Rändern der Anlage auffällt (Abb. 1c).

In der Folge vertieft und streckt sich die Urdarmgrube zur *Darmrinne,* welche anfangs immer noch eine offene Verbindung mit dem Lumen des Dottersacks besitzt. Zum Zeitpunkt 7 d, 18 h beginnt vom cranialen und caudalen Körperende her die Schließung der Darmrinne zum *Darmrohr* und damit die Abfaltung des Darmrohres vom Dottersack.

Zu Beginn der Darmrinnenbildung ist reichlich Glykogen in den an das Ektoderm grenzenden Entodermzellen, also in der späteren Dorsalwand des primitiven Darms enthalten. In diesem Bereich liegt zunächst auch das Material zur Bildung der ebenfalls besonders glykogenreichen Chorda dorsalis, doch bleibt auch nach Ausbildung und Abgliederung der Chorda die Dorsalwand des Darms weiterhin glykogenhaltig. Im Verlauf der nun folgenden, von cranial und caudal fortschreitenden Schließung der Rinne zum Darmrohr, kommt es hinsichtlich des Glykogengehalts zu folgenden Veränderungen: Caudal verteilt sich das Polysaccharid mit zunehmender Schließung des Darmrohres von dorsal über die Seiten nach ventral, so daß schließlich das Enddarmrohr in seiner gesamten epithelialen Wandung Glykogen enthält. Cranial hingegen bleibt auch nach vollzogener Schließung das Glykogen im wesentlichen auf die Dorsalwand beschränkt und findet sich nur stellenweise auch im seitlichen Bereich des Rohres.

In diesem Entwicklungsstadium ist die Aktivität der G-6-P-DH in allen embryonalen Geweben äußerst schwach; vereinzelte stärkere Formazanniederschläge im entodermalen Bereich können kaum als Zeichen höherer Aktivität gewertet werden. Im Vergleich mit der so charakteristischen Glykogenverteilung ist auch die RNS jetzt praktisch gleichmäßig verteilt. Lediglich an den Rändern der Darmrinne ist der RNS-Gehalt allgemein erhöht.

Zusammenfassung. Die *Urdarmgrube* ist durch einen hohen Glykogengehalt ausgezeichnet. Gleichzeitig findet sich hier auch eine deutliche Aktivität der G-6-P-DH und insbesondere an den Rändern der Urdarmgrube ein erhöhter RNS-Gehalt. Während der Ausbildung der *Darmrinne* und mit der *Abfaltung des Darmrohres* vom Dottersack besteht in den Zellen entodermaler Herkunft eine nur schwache Aktivität der G-6-P-DH. Die RNS ist stets an den Rändern der Darmrinne erhöht. Ein wesentlich charakteristischeres Muster zeigt die Glykogenverteilung: die Dorsalwand des Darmes ist glykogenreich, dieser Glykogengehalt findet sich nach Schließung der Rinne zum Rohr im caudalen Körperende im gesamten Darmepithel; im cranialen Körperbereich beschränkt sich der Glykogengehalt nur auf die Dorsalwand des Darmes, von wo sich das Polysaccharid unterschiedlich weit in die seitlichen Abschnitte fortsetzt.

2. Die Differenzierung der Derivate

a) Mundhöhle und Zunge

Zeitplan: 8 d, 9 h Stomodaeum noch durch Membrana buccopharyngea (Rachenmembran) vom Vorderdarm getrennt
         8 d, 16 h Rachenmembran eingerissen
       10 d, 2 h Abhebung der seitlichen Zungenwülste
       10 d, 11 h Abhebung der Zungenspitze vom Mundboden
       12 d, 16 h Beginn der Schleimhautdifferenzierung.

An der Bildung der primären Mundhöhle sind Ektoderm und Entoderm beteiligt. Unter dem Stirnfortsatz entsteht eine trichterförmige Einbuchtung in Richtung auf das blind verschlossene Ende des Vorderdarmes hin. Dieses ektodermale Stomodaeum und der entodermale Vorderdarm werden anfangs noch durch die Rachenmembran getrennt, die im Verlauf der weiteren Entwicklung (8 d, 16 h) einreißt und verschwindet.

In den ektodermalen Abschnitten der frühen Mundanlage (Stomodaeum) finden sich höchstens Spuren von Glykogen, während das entodermale Epithel der Dorsalwand des hinter der Rachenmembran gelegenen Vorderdarmes verhältnismäßig glykogenreich ist. Dieser markante unterschiedliche Glykogengehalt zwischen ektodermalem und entodermalem Baumaterial bleibt auch nach Verschwinden der Rachenmembran zunächst noch erhalten: die rostrale Begrenzung des entodermalen Glykogengehalts wird dann für kurze Zeit von der Seesselschen Tasche gebildet, einer kleinen entodermalen Einbuchtung im dorsalen Bereich des primären Gaumens.

Im Gegensatz zum Glykogen, das sich fast ausschließlich in den entodermalen Geweben findet, ist die Aktivität der G-6-P-DH auf die ektodermale Epidermisanlage des Stirnfortsatzes und den Anlagebereich der ektodermalen Rathkeschen Tasche (vgl. S. 23) beschränkt. Gleich der Enzymaktivität ist auch die Verteilung der RNS dem Glykogenmuster direkt entgegengesetzt: das ektodermale Epithel an der Unterseite des Stirnfortsatzes, welches sich auf das Dach des primären Gaumens fortsetzt, enthält relativ viel RNS. Dabei ist die RNS-Konzentration insbesondere im Anlagebereich der Rathkeschen Tasche hoch, die sich durch dieses Merkmal sehr deutlich von der Umgebung abhebt. In der entodermalen Dorsalwand des Vorderdarmes hingegen sind nur sehr spärliche RNS-Mengen vorhanden.

Mit fortschreitender Differenzierung verschwindet die sozusagen ,,keimblattspezifische" Glykogenverteilung. So tritt zunehmend Glykogen sowohl in den einander zugekehrten Seiten der ektodermalen seitlichen Zungenwülste als auch im Bereich des entodermalen Tuberculum impar auf und ist schließlich — nach Zusammenschluß dieser Komponenten zum Zungenkörper bis zur Ablösung der Zunge vom Mundboden — im gesamten Epithel des Zungenrückens enthalten. Allerdings treten in der Folge im Zungenepithel bemerkenswerte Verschiebungen des Glykogengehalts auf; gleichzeitig kommt es auch zu Verlagerungen der Maxima der G-6-P-DH-Aktivität und der RNS-Konzentration. Während zunächst (10 d, 11 h) ein starker Glykogengehalt in der Furche zwischen Mundboden und Zungenunterseite nachweisbar ist, verschiebt sich von hier aus das Glykogenmaximum bald zur Zungenunterseite (10 d, 14 h), in das Epithel der Zungenspitze (11 d, 8 h), des vorderen Drittels des Zungenrückens (11 d, 14 h) und schließlich des hinteren Drittels (12 d, 8 h bis 12 d, 14 h). — Demgegenüber ist die stärkste Aktivität der G-6-P-DH bei Abhebung der Zungenspitze im Epithel des Mundbodens und der Zungenunterseite nachweisbar, wohingegen sie im Epithel der Zungenoberseite praktisch fehlt. Vom 11.—13. Tag liegt das Maximum der Enzymaktivität in der hinteren Hälfte des Zungenrückens, vom 14. Tag an in der vorderen Hälfte. – Währenddessen sind hohe RNS-Konzentrationen zunächst

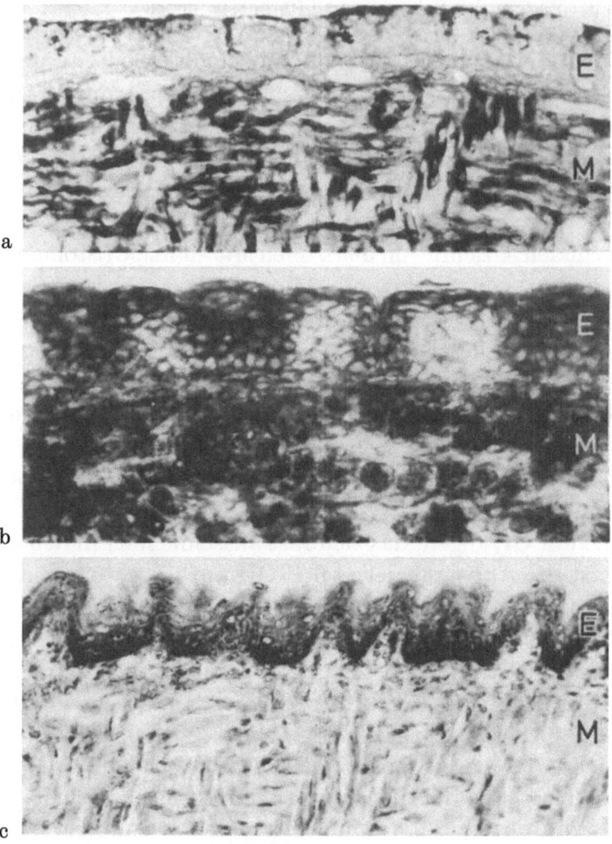

Abb. 2a—c. Epithel der Zungenoberseite. a (13 d, 9 h), Perjodsäure-Leukofuchsin/Alcianblau; Glykogen bevorzugt in den oberflächlich gelegenen Zellschichten. b (14 d, 9 h), Glucose-6-Phosphat-Dehydrogenase; hohe Enzymaktivität in den Zellen des Zungenepithels. c (15 d, 8 h), Methylgrün-Pyronin; hohe RNS-Konzentration bevorzugt in den tiefen Schichten des Epithels. (*E* Epithel, *M* Zungenmuskulatur)

(10 d, 11 h) im Epithel des Mundbodens und der Zungenunterseite nachweisbar, im weiteren verlagert sich das Maximum des RNS-Gehalts zunehmend auf die Zungenoberseite.

Der Eintritt in die Differenzierungsphase des Zungenepithels — histologisch an der *Papillenbildung* erkennbar — ist histochemisch durch einen Glykogen-verlust der tiefen Epithelschichten charakterisiert (Abb. 2a); das Polysaccharid ist nur noch in den oberflächlich gelegenen Zellen enthalten, aus denen es mit einsetzender Verhornung (14 d, 10 h) schließlich auch verschwindet. — Die höchste G-6-P-DH-Aktivität ist in der Mitte der Epithelzapfen nachweisbar (Abb. 2b);

mit der Entstehung des Stratum corneum verschwindet die Enzymaktivität vollständig aus den apikalen Zellschichten. — RNS-reich sind dagegen die basalen Schichten des Zungenepithels, vor allem die in die Tiefe wachsenden Epithelzapfen (Abb. 2c).

Auch im Mesenchym des Zungenkörpers ist Glykogen nachweisbar (10 d, 8 h). Dabei findet es sich einmal in einem unmittelbar subepithelialen Streifen im Bereich des Zungenrückens und zum anderen — diffus verteilt — in der Tiefe des Zungenkörpers. Die Ausdifferenzierung des Mesenchyms zur Zungenmuskulatur wird durch einen steigenden Glykogengehalt gekennzeichnet. Gleichzeitig kommt es zu einer Zunahme der G-6-P-DH-Aktivität und der RNS-Konzentration im Inneren des Zungenkörpers. Nach Abschluß der Differenzierungsphase ist in der Zungenmuskulatur reichlich Glykogen, jedoch eine vergleichsweise geringe Enzymaktivität und nur ein mäßiger RNS-Gehalt nachweisbar.

Zusammenfassung. Bei der Bildung der primären Mundhöhle findet sich Glykogen zunächst nur im entodermalen Bereich (dorsale Rachenwand). Durch eine hohe G-6-P-DH-Aktivität und durch RNS-Reichtum sind dagegen die ektodermalen Bereiche: Epithel des Stirnfortsatzes und Rathkesche Tasche ausgezeichnet. In späteren Stadien verwischt sich diese „Keimblattspezifität". — Nach dem Zusammenwachsen der drei Baukomponenten der Zunge (entodermales Tuberculum impar und ektodermale seitliche Zungenwülste) kommt es zu einer Verschiebung des Glykogenmaximum im Zungenepithel von der Zungenunterseite über die Spitze bis zum Zungenrücken. G-6-P-DH und RNS finden sich jeweils in glykogenarmen Bereichen des Zungenepithels erhöht. Mit der Papillenbildung verschwindet das Glykogen — zuletzt aus den oberflächlichen Zellschichten, während die Aktivität der G-6-P-DH vorwiegend in den mittleren Schichten, die RNS-Konzentration in der Tiefe der Epithelzapfen verstärkt aufzufinden sind.

b) Zähne (Nagezahn, Unterkiefer)

Zeitplan: 10 d, 2 h Zahnleiste
11 d, 8 h Zahnkappenstadium
12 d, 8 h Zahnglocke
13 d, 9 h Zahnanlage mit ausgebildeten Odontoblasten und Adamantoblasten
14 d, 10 h Nagezähne kurz vor dem Durchbruch; nur noch von dünnem Epithel bedeckt.

Im Stadium 10 d, 2 h findet sich eine eben erkennbare Einsenkung des ektodermalen Mundbodenepithels als früheste Anlage der mandibularen Zahnleiste. Der gleichmäßige Glykogengehalt des Mundbodenepithels setzt sich aber nur bis in die zentralen und mundhöhlenwärts gelegenen Abschnitte der Zahnleiste fort, während in der Tiefe Glykogen nicht nachweisbar ist. — Die Aktivität der G-6-P-DH ist dagegen in allen Zellen der Zahnleiste gleichmäßig hoch. — Die glykogenarmen, in der Tiefe der Zahnleiste gelegenen Zellen enthalten die höchste RNS-Konzentration, während in den glykogenreichen mundhöhlenwärts gelegenen Abschnitten nur wenig RNS nachweisbar ist.

Mit Beginn des 12. Tages nimmt die der Anlage des Nagezahns entsprechende Epithelknospe aufgrund ungleichmäßigen Wachstums eine Kappenform an, welche vom freien Ende her eingedellt ist. Das unter der Zahnkappe gelegene Mesenchym verdichtet sich zur Papille. In diesem Entwicklungsstadium findet sich viel Glykogen in den zentralen Partien der Anlage; die Aktivität der G-6-P-DH ist vor allem randständig und am Übergang zur Eindellung gesteigert. RNS ist in allen Abschnitten der epithelialen Anlage gleichmäßig stark vorhanden; gleichfalls aber auch im zahnkappennahen Mesenchym der Papille.

2*

Im Verlauf der nun folgenden Entwicklung zur *Zahnglocke* kommt es zu einer zentralen Auflockerung des Schmelzorgans; es entsteht damit die Schmelzpulpa, die vom inneren und äußeren Schmelzepithel gesäumt wird. Glykogen tritt in

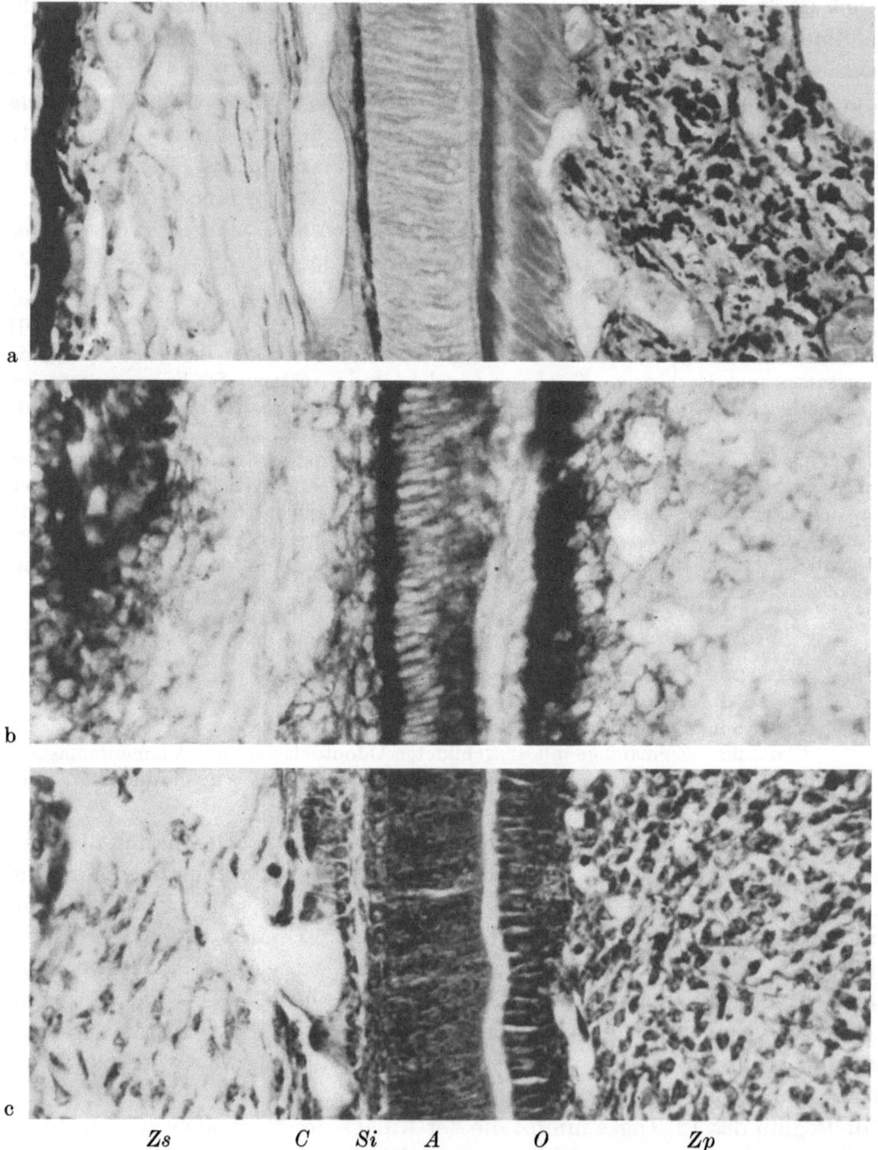

Abb. 3a—c. Zahnanlage (Ausschnitt). a (14 d, 10 h), Perjodsäure-Leukofuchsin/Alcianblau; hoher Glykogengehalt im Stratum intermedium und in der Zahnpulpa. b (14 d, 9 h), Glucose-6-Phosphat-Dehydrogenase; hohe Enzymaktivität im Stratum intermedium sowie im Cytoplasma der Adamantoblasten und Odontoblasten. c (15 d, 8 h), Methylgrün-Pyronin; hohe RNS-Konzentration im Stratum intermedium sowie im Cytoplasma der Adamantoblasten und Odontoblasten. (*Zs* Zahnsäckchen, *C* Capillarschicht, *Si* Stratum intermedium, *A* Adamantoblasten, *O* Odontoblasten, *Zp* Zahnpulpa)

dieser Phase vorübergehend im gesamten Schmelzepithel auf, um kurz darauf auf das innere Schmelzepithel beschränkt zu sein. — Der Nachweis der G-6-P-DH zeigt ein Aktivitätsgefälle von der mundhöhlenwärts gelegenen Zahnleiste zu den distalen Umschlagsfalten des Schmelzepithels. — Inneres und äußeres Schmelzepithel sind zunächst gleichermaßen RNS-reich. Die Differenzierung der Zellen des inneren Schmelzepithels zur Schicht der Adamantoblasten ist durch eine Verminderung ihres Glykogengehalts, sowie durch den Anstieg der G-6-P-DH-Aktivität und der RNS-Konzentration gekennzeichnet. Das von Seiten der Schmelzpulpa her an die Adamantoblasten angrenzende Stratum intermedium ist durch den Reichtum aller hier histochemisch untersuchten Stoffe ausgezeichnet. Glykogenreich ist auch das Mesenchym der Zahnpapille, wobei die sich differenzierende Schicht der Odontoblasten ausgespart bleibt. In diesen Zellen findet sich eine allmähliche Zunahme der G-6-P-DH-Aktivität und des RNS-Gehalts.

Zu Beginn des 14. Entwicklungstages sind die Adamantoblasten glykogenfrei. Immer ausgeprägter aber wird der Glykogengehalt der Schmelzpulpa, vor allem des Stratum intermedium. Die dem glykogenreichen Mesenchym der Zahnpulpa aufliegenden Odontoblasten zeigen keine Perjodatreaktivität (Abb. 3 a).—Während die G-6-P-DH aus dem äußeren Schmelzepithel verschwindet, können sehr hohe Aktivitäten im Cytoplasma der Adamantoblasten und Odontoblasten sowie im Stratum intermedium aufgefunden werden (Abb. 3 b). — Diese enzymaktiven Gewebe sind ebenfalls durch RNS-Reichtum bis zum Ende der Fetalentwicklung ausgezeichnet (Abb. 3 c).

Zusammenfassung. Innerhalb der vom Mundepithel ausgehenden Zahnleiste ist Glykogen vor allem lumenwärts, G-6-P-DH und RNS bevorzugt in der Tiefe nachweisbar. Mit der Weiterentwicklung der Zahnanlage über das Kappen- und Glockenstadium werden Glykogenvorkommen hauptsächlich in unmittelbarer Nachbarschaft zu den sich differenzierenden Adamantoblasten (im Stratum intermedium) und Odontoblasten (im Mesenchym der Zahnpapille) aufgefunden. Im Cytoplasma der Adamantoblasten und Odontoblasten finden sich gleichzeitig eine hohe G-6-P-DH-Aktivität und reiche RNS-Vorkommen.

c) Speicheldrüsen

Zeitplan: 11 d, 8 h Anlagen der Gl. submandibularis und der Gl. retrolingualis als solide Epithelstränge

11 d, 12 h Lumenbildung in den Ausführungsgängen erkennbar; beginnende Ausknospung der distalen Gangenden

12 d, 8 h Anlage der Gl. parotis als solider Epithelstrang

13 d, 9 h weit fortgeschrittene Verzweigung der Gl. submandibularis und der Gl. retrolingualis; beginnende Verzweigung der Gl. parotis

14 d, ... h Differenzierung der Drüsenendstücke.

Bereits in den frühen Anlagen der Gl. submandibularis und der Gl. retrolingualis, die als zunächst noch solide Epithelzellstränge beidseitig vom ektodermalen Epithel des Mundbodens ausgehen (11 d, 8 h), ist reichlich Glykogen enthalten. Der Polysaccharidgehalt nimmt aber in Richtung auf die kolbenartig aufgetriebenen Proliferationsknospen hin bis auf wenige Granula kontinuierlich ab. Dieser Zustand bleibt auch nach der durch Dehiszenz entstandenen Lumenbildung erhalten. Bei einer durchweg geringen G-6-P-DH-Aktivität sind in den Zellen der strangförmigen Speicheldrüsenanlagen im Vergleich zum umgebenden Mesenchym hohe RNS-Vorkommen nachweisbar.

Im Stadium 12 d, 8 h findet sich an den distalen Enden beider Drüsenanlagen eine große Zahl von *Aussprossungen*. Aus den so entstehenden Verzweigungen bilden sich sowohl neue Gangabschnitte wie drüsige Anteile (Adenomere). Beide Bauelemente sind histochemisch gut trennbar: die „*präterminalen*" *Gangabschnitte* (im Gegensatz zu den weiter mundhöhlenwärts gelegenen Abschnitten) enthalten kein Glykogen mehr; bei einer mäßig hohen G-6-P-DH-Aktivität ist der RNS-Gehalt des Gangepithels auffallend gering. In den Zellen der *Adenomeren* findet sich Glykogen in Form kleiner apikal, d. h. lumenwärts gelegener Granula. Demgegenüber sind eine schwache Aktivität der G-6-P-DH und allmählich ansteigende RNS-Konzentrationen in den basalen Cytoplasmabereichen nachweisbar.

Mit *zunehmender Verzweigung* am 14. Entwicklungstag treten hinsichtlich der Glykogenverteilung erstmals Unterschiede in den bis dahin histochemisch noch weitgehend uniformen beiden Drüsenanlagen auf: während sich in den Adenomeren der Gl. submandibularis noch reichlich Glykogen findet, zeigen die Adenomere der Gl. retrolingualis eine deutliche Abnahme des Polysaccharids. Unverändert hoch hingegen ist der Glykogengehalt im Epithel der Ausführungsgänge beider Drüsen. Eine Unterscheidung der beiden Speicheldrüsen ist durch den Enzymnachweis nicht möglich; die Verteilung der G-6-P-DH-Aktivität ist in beiden Drüsen gleich. Außer einer starken Aktivität in den mundhöhlenwärts gelegenen Abschnitten der Ausführungsgänge findet sich nun auch ein Anstieg der Enzymaktivität in den Adenomeren. Während dieses Entwicklungsabschnitts ist die höchste RNS-Konzentration im Cytoplasma der drüsigen Anteile nachweisbar.

Gegen Ende des 15. Entwicklungstages verlangsamt sich die Bildung neuer Adenomere. Aus den bereits vorhandenen verschwindet allmählich das Glykogen zugunsten diastaseresistenter perjodatreaktiver Stoffe, welche sich zum Teil auch mit Alcianblau anfärben lassen. Es können damit also in den Adenomeren beider Drüsen gleichzeitig sowohl saure als neutrale Mucopolysaccharide nachgewiesen werden. Außer solchen mucösen Zellen findet sich aber in den meisten Zellen eine nur angedeutete Perjodatreaktivität; es handelt sich hier um seröse Elemente. — Gegenüber der hohen G-6-P-DH-Aktivität des Gangepithels ist das Enzym in allen drüsigen Zellelementen nur noch schwach nachweisbar. — Das Cytoplasma der Drüsenzellen ist RNS-reich, obwohl durch Schleimeinschlüsse der Eindruck einer scheinbaren RNS-Armut vorgetäuscht wird. Hohe RNS-Konzentrationen finden sich auch im Gangepithel.

Die erst im Stadium 12 d, 8 h auftretende *Parotisanlage* zeigt eine nur zeitlich verschobene Entwicklung: ihr histochemisches Verhalten stimmt mit dem der serösen Anteile der Gl. submandibularis überein.

Zusammenfassung. Die zunächst soliden, später mit einem Lumen durchzogenen Epithelstränge der Speicheldrüsenanlagen (11 d, 8 h) sind mit einem hohen Glykogengehalt ausgestattet, welcher in Richtung der späteren Aussprossungen abfällt. Während die Aktivität der G-6-P-DH nur gering ist, findet sich viel RNS im Cytoplasma der Epithelien. — In der Verzweigungsphase der Drüsenanlagen (12 d bis 13 d) lassen sich die distalen (präterminalen) Gangabschnitte gut von den drüsigen Anteilen (Adenomeren) histochemisch unterscheiden: die präterminalen Gangabschnitte enthalten kein Glykogen, eine schwache G-6-P-DH-Aktivität und einen geringen RNS-Gehalt. In den Adenomeren ist Glykogen in den apikalen, G-6-P-DH-Aktivität und RNS-Gehalt bevorzugt in den basalen Zellabschnitten nachweisbar. — Mit Beginn der Schleimbildung (14 d) verschwindet das Glykogen aus den Drüsenendtsücken zugunsten diastaseresistenter perjodatreaktiver Stoffe. Die Aktivität der G-6-P-DH sinkt ab, der RNS-Gehalt bleibt hoch.

d) Primäres Rachendach und Hypophyse

Zeitplan:	8 d, 16 h	Anlage der Rathkeschen Tasche
	9 d, 8 h	Beginnende Ausgliederung der Rathkeschen Tasche aus dem primären Rachendach; Bildung des Ductus craniopharyngeus
	10 d, 8 h	(Adeno-)Hypophysensäckchen in engem Kontakt mit dem Infundibulum
	11 d, 14 h	Adenohypophyse mit großer Resthöhle
	12 d, 14 h	Resthöhle waagerecht
	13 d, 9 h	Wachstum der Adenohypophyse nach rostral; reiche sinusoidale Durchblutung; Ductus craniopharyngeus diskontinuierlich
	14 d,... h	Beginnende Cytodifferenzierung in der Adenohypophyse.

Zum Stadium 8 d, 16 h findet sich im ektodermalen Bereich, direkt rostral der Membrana buccopharyngea, eine quergestellte Furche im primären Rachendach: die *Rathkesche Tasche* als früheste Anlage der Adenohypophyse. In diesem Anlagebereich verdickt sich das Epithel des Rachendachs und steht in direktem Kontakt mit dem Boden des Zwischenhirns.

Auf dieser frühen Entwicklungsstufe findet sich (vgl. S. 17) kein Glykogen in den ektodermalen Abschnitten des Rachendachs, sondern lediglich in der entodermalen Seesselschen Tasche und in den weiter distal gelegenen Bereichen der dorsalen Darmwand (Abb. 4a). Demgegenüber ist aber im Ektoderm des Stirnfortsatzes und im verdickten Epithel der Rathkeschen Tasche eine mittelstarke Aktivität der G-6-P-DH nachweisbar (Abb. 4b). Diese Orte erhöhter Enzymaktivität sind ebenfalls durch einen hohen RNS-Gehalt ausgezeichnet (Abb. 4c).

Diese „Keimblattspezifität" der Stoffnachweise verwischt sich mit den folgenden Entwicklungsschritten: im Stadium 10 d, 2 h ist Glykogen auch im ektodermalen Gewebe der ehemaligen Rathkeschen Tasche enthalten, die nun als *Hypophysensäckchen* noch mit der Mundhöhle in offener Verbindung steht. Bei einer konstant mittelstarken Aktivität der G-6-P-DH bleibt der hohe RNS-Gehalt des Hypophysensäckchens zunächst auch während der Ausgliederungsphase (9 d bis 10 d) erhalten. In der Folge aber fällt die RNS-Konzentration allgemein ab: lediglich die das Restlumen der Adenohypophyse begrenzenden Zellen bleiben RNS-reich.

Bei der nun einsetzenden *Wachstumsphase der Hypophysenanlage* (11 d, 14 h) entsteht durch die Abschnürung aus dem primären Rachendach der Ductus craniopharyngeus. Der hohe Glykogengehalt des so gebildeten Hypophysengangs setzt sich auf die zentralen Partien der Adenohypophyse unterhalb der Resthöhle fort und breitet sich von hier nach rostral und lateral aus. Die Proliferation der Adenohypophyse nach lateral führt zu einer körbchenartigen Umfassung der Neurohypophyse, welche eng der Adenohypophyse anliegt. Glykogenfrei erweisen sich lediglich die an die Neurohypophyse direkt angrenzenden Partien der Adenohypophyse. Die Neurohypophyse enthält ebenfalls praktisch kein Glykogen. — Mit der Abschnürung der Hypophysenanlage steigt die Aktivität der G-6-P-DH zunächst vor allem in den zentralen und basalen Partien. Zusätzlich ist aber eine besonders hohe Enzymaktivität auch in jenen Cytoplasmabezirken der Adenohypophyse nachweisbar, welche die Kontaktzone zur Neurohypophyse bilden. Im Verlauf dieser Prozesse sinkt der zuvor auffällig hohe RNS-Gehalt in den

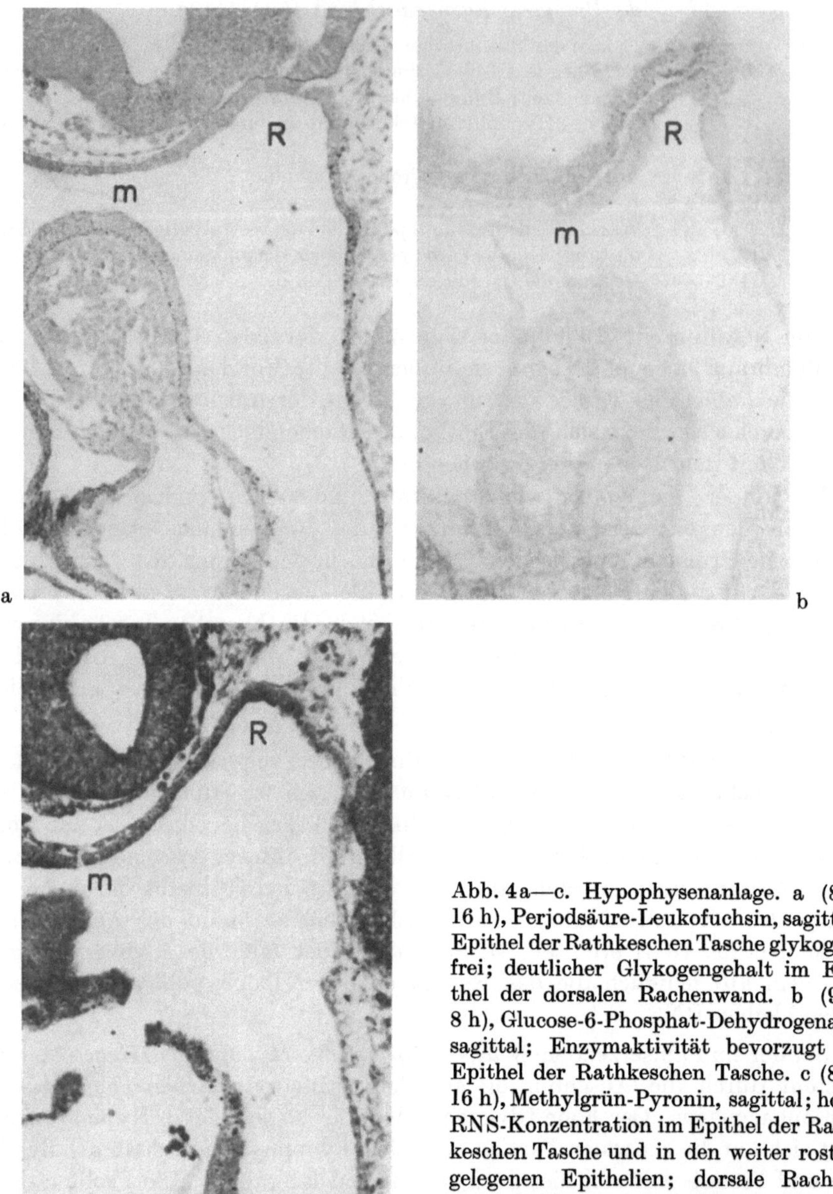

Abb. 4a—c. Hypophysenanlage. a (8 d, 16 h), Perjodsäure-Leukofuchsin, sagittal; Epithel der Rathkeschen Tasche glykogenfrei; deutlicher Glykogengehalt im Epithel der dorsalen Rachenwand. b (9 d, 8 h), Glucose-6-Phosphat-Dehydrogenase, sagittal; Enzymaktivität bevorzugt im Epithel der Rathkeschen Tasche. c (8 d, 16 h), Methylgrün-Pyronin, sagittal; hohe RNS-Konzentration im Epithel der Rathkeschen Tasche und in den weiter rostral gelegenen Epithelien; dorsale Rachenwand RNS-arm. (*R* Rathkesche Tasche, *m* primäre Mundhöhle)

basalen Anteilen der Adenohypophyse ab. Nach wie vor RNS-reich aber ist das Cytoplasma der das Restlumen der Adenohypophyse umgrenzenden Zellen.

Im Stadium 12 d, 14 h erreicht die Glykogenbeladung der Adenohypophyse ein Maximum, nun vor allem auch in ihren dorsalen Bereichen. Die Hauptaktivität der G-6-P-DH findet sich hingegen in den rostralen Abschnitten. Hohe RNS-Konzentrationen sind unverändert nur im Cytoplasma der an die Neurohypophyse angrenzenden Zellen nachweisbar, also nur im glykogenfreien Bereich.

Vom Stadium 13 d, 9 h an kommt es zu einem plötzlichen Glykogenverlust, so daß das Polysaccharid schließlich nur noch in einzelnen Zellen im Zentrum der Adenohypophyse aufzufinden ist. — Gleichzeitig verlagert sich das Maximum der G-6-P-DH-Aktivität in den an das nun verkleinerte Restlumen der Adenohypophyse nach rostral anschließenden Organbereich. Dadurch läßt sich in der Adenohypophyse ein deutlicher Aktivitätsanstieg von dorsal nach rostral feststellen. — Die RNS-Verteilung ähnelt dem Vorstadium: die an die Neurohypophyse angrenzenden Abschnitte der Adenohypophyse enthalten unverändert reichlich RNS, während nach dorsal die Höhe des RNS-Gehalts abnimmt. In den basalen und rostralen Abschnitten ist demgegenüber nur wenig RNS nachweisbar.

Gegen *Ende der Tragzeit* steigt zwar der Glykogengehalt in der Adenohypophyse wieder an, ist aber jetzt hauptsächlich in der nun mächtig auswachsenden Pars tuberalis enthalten. — Die G-6-P-DH scheint dieser Glykogenverteilung zu folgen, da nun die nach oben und rostral auswachsenden Hypophysenabschnitte die höchste Aktivität zeigen. — Die RNS ist wenige Stunden vor der Geburt nahezu gleichmäßig im gesamten Organ verteilt, lediglich die Pars tuberalis ist sehr RNS-arm.

Zusammenfassung. Im ektodermalen Gewebe des primären Rachendachs entsteht als Rathkesche Tasche die früheste Anlage der Adenohypophyse. Sie ist frei von Glykogen, aber durch eine mittlere Aktivität der G-6-P-DH und durch eine hohe RNS-Konzentration ausgezeichnet. — Im Zuge der Abschnürung aus dem Rachendach entwickelt sich die Adenohypophyse als Hypophysensäckchen mit einem zentralen Restlumen. Sie ist mit der Ursprungsstelle durch den Ductus craniopharyngeus verbunden. Nach oben und dorsal grenzt sie an die Neurohypophyse. Glykogen findet sich vor allem in den basalen Bereichen der Adenohypophyse, später auch in rostralen und lateralen Abschnitten; die an die Neurohypophyse angrenzenden Zellen der Adenohypophyse sind stets glykogenfrei. Diese Kontaktzone ist aber durch eine maximale G-6-P-DH-Aktivität und durch einen hohen RNS-Gehalt ausgezeichnet. — Während es im folgenden zu einem nahezu totalen Glykogenverlust in der Adenohypophyse kommt, bleiben die G-6-P-DH-Aktivität und RNS-Konzentration vor allem in der Kontaktzone zur Neurohypophyse hoch. — Gegen Ende der Tragzeit findet sich erneut Glykogen, vor allem in den rostralen Bereichen; die Enzymaktivität folgt dem Polysaccharidgehalt. RNS ist nun in der gesamten Adenohypophyse — außer in den rostralen Bereichen — verstärkt nachweisbar.

e) Schilddrüse

Zeitplan:

9 d,	0 h	Anlage der Schilddrüse als Grube hinter dem Tuberculum impar
9 d,	8 h	Ablösung vom Truncus arteriosus und Verlagerung nach caudal;
bis 10 d,	2 h	Ausbildung des Ductus thyroglossus
11 d,	12 h	Schilddrüse in Höhe des Larynx; schmaler Isthmus, langgestreckte Seitenlappen
12 d,	11 h	Schilddrüse in engem Kontakt mit den Ultimobranchialkörpern
13 d,	9 h	Follikelbildung; starke Volumenzunahme der Schilddrüse; ausgeprägte Vascularisation
14 d,...h		Bildung von Follikelinhalt.

Im Stadium 9 d, 0 h entsteht am Boden des Kiemendarms hinter dem Tuberculum impar die *frühe Anlage der Schilddrüse* als ein unpaares hypobranchiales Organ. Diese Anlage zeigt zunächst die Form einer napfförmigen Einsenkung, die von verdicktem Epithel gebildet wird. Im Gegensatz zu dem im übrigen völlig glykogenfreien Epithel des Kiemendarmbodens enthält der Anlagebereich der Schilddrüse viel Glykogen (Abb. 5a). Der RNS-Gehalt der Schilddrüse ist dagegen zunächst gering und hebt sie nicht vom umgebenden Epithel ab (Abb. 5b).

Schon wenige Stunden später (9 d, 13 h) — im Zuge der *Ablösung der Anlage vom Kiemendarmboden* und der Ausbildung des Ductus thyroglossus — kommt es zu einer völligen Umkehrung des bisherigen histochemischen Verhaltens: das Glykogen verschwindet bis auf wenige Granula (Abb. 6a); bei einer mäßig hohen G-6-P-DH-Aktivität (Abb. 6b) steigt die RNS-Konzentration im Epithel der dem Truncus arteriosus zipfelmützenartig aufsitzenden Schilddrüse deutlich an (Abb. 6c).

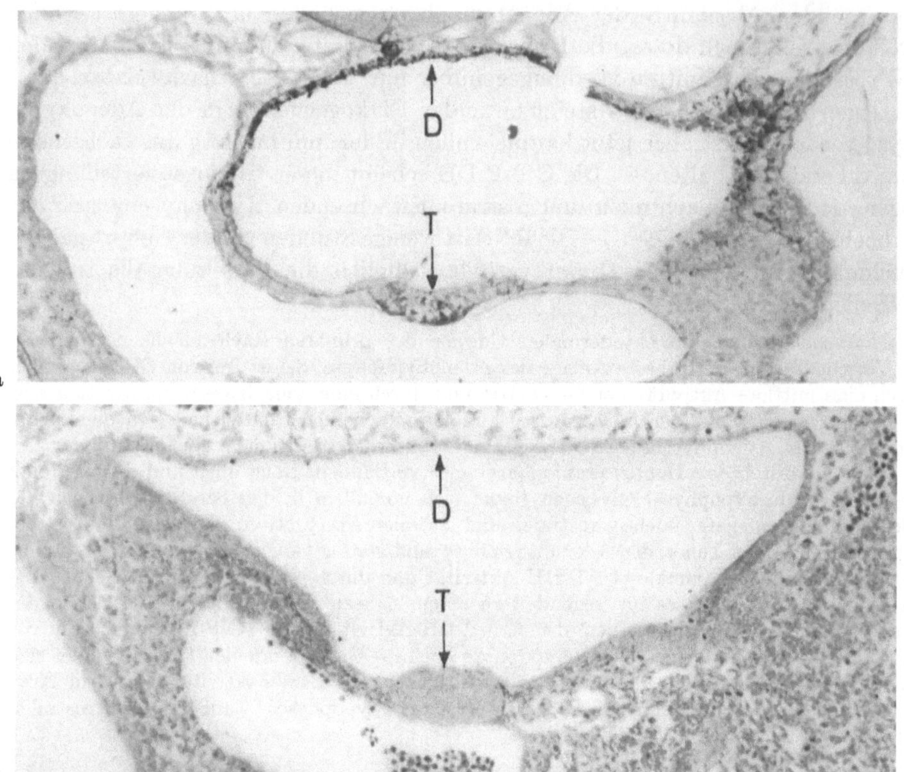

Abb. 5a u. b. Schilddrüsenanlage. a (9 d, 0 h), Perjodsäure-Leukofuchsin, frontal; hoher Glykogengehalt in den Zellen der frühen Schilddrüsenanlage. b (9 d, 2 h), Methylgrün-Pyronin, frontal; nur geringer RNS-Gehalt in den Zellen der frühen Schilddrüsenanlage. (*T* Thyroideaanlage, *D* Kiemendarmdach)

Der in dem Zeitraum (12 d, 11 h) an die *lateralen Schilddrüsenfortsätze* Anschluß gewinnende cystenförmige Ultimobranchialkörper (vgl. S. 29) ist demgegenüber durch einen deutlichen Glykogengehalt seines kubischen Epithels ausgezeichnet. Im Lumen sind stets saure Mucopolysaccharide enthalten. Die Aktivität der G-6-P-DH im Schilddrüsenepithel ist äußerst gering und erlaubt kaum eine sichere Abgrenzung der Anlage vom umgebenden Mesenchym. Vergleichsweise weist das Epithel des Ultimobranchialkörpers eine etwas gesteigerte Enzymaktivität auf. Durch einen deutlichen RNS-Gehalt unterscheidet sich jedoch die Schilddrüse auffällig von den Anlagen der übrigen drüsigen Organe der Umgebung (Gl. parathyroidea, Thymus) und hebt sich scharf vom umgebenden Mesenchym ab. Der Ultimobranchialkörper zeigt im Vergleich zum Schilddrüsengewebe einen etwas geringeren RNS-Bestand; sein Cysteninhalt enthält keine Nucleinsäuren.

Im Stadium 13 d, 9 h fällt der Glykogengehalt im Endothel der Gefäßwände in der *zunehmend vascularisierten Schilddrüse* auf, während das Drüsenparenchym

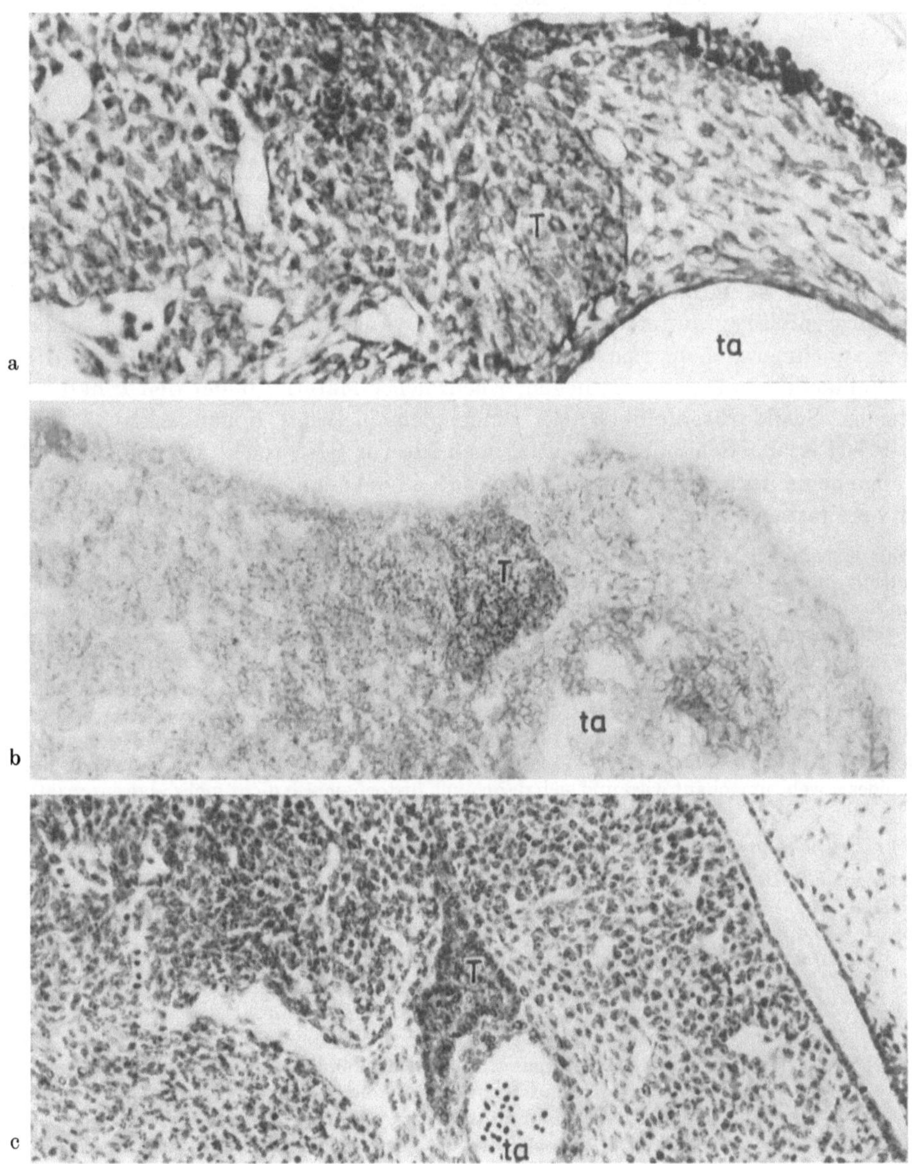

Abb. 6a—c. Schilddrüse. a (9 d, 13 h), Perjodsäure-Leukofuchsin/Alcianblau, sagittal; totaler Glykogenverlust im Schilddrüsenepithel bei fortschreitender Ablösung der Anlage vom Mundboden. b (9 d, 8 h), Glucose-6-Phosphat-Dehydrogenase, sagittal. Mit beginnender Ablösung der Schilddrüsenanlage positiver Enzymnachweis. c (10 d, 2 h), Gallocyanin-Chromalaun, sagittal; hoher RNS-Gehalt im Epithel der vom Mundboden bereits weitgehend abgelösten, dem Truncus arteriosus aufsitzenden Schilddrüsenanlage. (*T* Thyroideaanlage, *ta* Truncus arteriosus)

selbst unverändert glykogenfrei ist. Im Lumen der vereinzelt bereits gebildeten Follikel liegt nun ein diastaseresistentes perjodatreaktives Material, bei dem es sich wahrscheinlich um erste Spuren des neutrale Mucopolysaccharide enthaltenden Schilddrüsensekrets handelt. Das Epithel des Ultimobranchialkörpers enthält auch in diesem Stadium noch Glykogen.

Zwischen den Stadien 12 d, 8 h und 13 d, 8 h kommt es nun aber zu einem plötzlichen Anstieg der G-6-P-DH-Aktivität im Cytoplasma sämtlicher Schilddrüsenepithelien. Dadurch wird die Thyroidea in diesem Zeitraum zu einem der enzymaktivsten Orte im gesamten Embryo. Gleichzeitig erreicht die RNS-Konzentration in den Schilddrüsenepithelien maximale Werte: mediale und laterale Abschnitte sind davon gleichermaßen betroffen.

Erst *im Verlauf der beiden letzten Tage vor der Geburt* verschwindet auch im Ultimobranchialkörper das Glykogen. Bei zunehmender Verkleinerung seines Cystenlumens ist er zuletzt weder morphologisch noch histochemisch von den Schilddrüsenfollikeln unterscheidbar. In den glykogenfreien Zellen der Thyroidea treten zunehmend mehr neutrale Mucopolysaccharide auf, welche apikal, d.h. dem Follikellumen zugewandt liegen. Ebensolches Material bildet den Inhalt der einzelnen Schilddrüsenfollikel. Bei einer gleichbleibend hohen Aktivität der G-6-P-DH ist das Schilddrüsenepithel nach wie vor RNS-reich, wenn auch durch die allgemeine Auflockerung des Parenchyms eine Abnahme der RNS-Konzentration vorgetäuscht wird.

Zusammenfassung. Die erste Anlage der Schilddrüse hinter dem Tuberculum impar im Kiemendarmboden enthält reichlich Glykogen, eine mäßige Aktivität der G-6-P-DH, jedoch kaum RNS. — Im Zuge des Descensus des Herzens und der großen Gefäße verlagert sich auch die Schilddrüse nach caudal, sie verliert sehr rasch ihren Glykogengehalt, gleichzeitig kommt es zu einem deutlichen Anstieg der G-6-P-DH-Aktivität und der RNS-Konzentration. — In den weiteren Entwicklungsstadien ist im Schilddrüsenparenchym Glykogen niemals mehr nachweisbar, während die G-6-P-DH-Aktivität — nach einer kurzen Ruheperiode — und der RNS-Gehalt bis gegen das Ende der Fetalperiode ansteigen. — Ein deutlicher Glykogengehalt findet sich lediglich über eine lange Zeit im Ultimobranchialkörper, bis er schließlich zum Thyroideagewebe umgebaut wird und sich dann auch histochemisch nicht mehr abgrenzen läßt.

f) Branchiogene Organe: Epithelkörperchen, Thymus, Ultimobranchialkörper

Zeitplan:		
	8 d, 16 h	alle Schlundtaschen ausgebildet
	9 d, 8 h	Ultimobranchialkörperanlage nach caudal verlängert
	10 d, 2 h	verdicktes Epithel in der III. Schlundtasche
	10 d, 14 h	noch offene Verbindung zwischen III. Schlundtasche einerseits und Parathyroidea- und Thymusanlage andererseits
	11 d, 12 h	Parathyroidea und Thymus verlieren Kontakt mit der Ursprungsstelle; sie sind untereinander noch verbunden; allmählicher Verlust des Lumens in den Organanlagen; Ultimobranchialkörper an der Thyroidea
	12 d, 8 h	Parathyroidea und Thymus getrennt; Thymusanlagen noch nicht verschmolzen; Ultimobranchialkörper im Schilddrüsengewebe
	13 d, 9 h	beginnende Auflockerung des Parenchyms der Parathyroidea durch Vascularisation; Thymus doppellappig in oberer Thoraxapertur
	14 d, ... h	beginnende Cytodifferenzierung in Parathyroidea und Thymus.

Wie bei allen Wirbeltieren, so ist auch der auf den Munddarm folgende Darmabschnitt des Goldhamsters durch taschenartige Aussackungen gekennzeichnet. Diesen vom entodermalen Darmepithel gebildeten Schlundtaschen entsprechen äußere Einziehungen der ektodermalen Epidermis, die Kiementaschen. Beim

Goldhamster werden insgesamt drei Schlundtaschen vollständig angelegt, eine rudimentäre IV. Schlundtasche entspringt nicht mehr selbständig aus dem Darm, sondern stellt eine zusätzliche caudale Aussackung der III. Schlundtasche dar.

Im Stadium 8 d, 16 h sind alle *Schlundtaschen* ausgebildet. In den an ihrer Bildung beteiligten entodermalen Epithelzellen findet sich allgemein reichlich Glykogen, besonders hoch ist der Glykogengehalt in den an die ektodermalen Kiemenfurchen angrenzenden Zellen. Bereits frühzeitig lassen sich im Epithel der III. Schlundtasche Unterschiede in der Glykogenverteilung feststellen: während cranial-dorsal Glykogen überaus reichlich vorhanden ist, sind — mit ziemlich scharfer Grenze — im caudal-ventralen Abschnitt geringere Glykogenmengen vorhanden (Abb. 7a). Die aus dem caudalen Abschnitt der III. Schlundtasche abgehende rudimentäre IV. Schlundtasche ist allerdings wieder sehr glykogenreich. Aufgrund dieser unterschiedlichen Perjodatreaktivität lassen sich schon in diesem frühen Stadium die glykogenreichen Anlagen der Parathyroidea (III. Schlundtache cranial-dorsal) und des Ultimobranchialkörpers (rudimentäre IV. Schlundtasche) von der glykogenärmeren Anlage des Thymus (III. Schlundtasche, causdal-ventral) abgrenzen. Im Epithel der Schlundtaschen läßt sich vom 9. Entwicklungstag an eine hohe G-6-P-DH-Aktivität nachweisen. Dabei ist die Enzymaktivität im caudal-ventralen Bereich der III. Schlundtasche etwas höher als im cranial-dorsalen Abschnitt.

Auch hinsichtlich ihres RNS-Gehalts sind die Anlagen der Parathyroidea und des Thymus im Epithel der III. Schlundtasche charakteristisch unterschieden; während im cranial-dorsal gelegenen Anlagebereich der Parathyroidea der RNS-Nachweis praktisch negativ ausfällt, finden sich hohe RNS-Vorkommen in der caudal-ventral gelegenen Thymusanlage (Abb. 7b).

Im Laufe des 11. Entwicklungstages schnüren sich die *Anlagen der Parathyroidea und des Thymus* vom Vorderdarm ab und werden im Zusammenhang mit dem sogenannten Herzdescensus nach caudal verlagert. Obwohl beide Organanlagen zunächst noch — von einem gemeinsamen Lumen durchzogen — einen einheitlichen Zellkomplex bilden, läßt sich stets die überaus glykogenreiche Parathyroidea vom mäßiger glykogenhaltigen Thymus abgrenzen. Die Aktivität der G-6-P-DH ist in beiden Organanlagen übereinstimmend mittelstark und lediglich in den caudalen Polen beider Organe etwas höher. Im Gegensatz zur Glykogenverteilung ist der RNS-Gehalt der Parathyroidea gering, während in den Zellen der Thymusanlage insgesamt höhere RNS-Vorkommen nachweisbar sind. Dabei zeichnen sich einzelne unregelmäßig verteilte große Lymphocyten durch eine besonders hohe RNS-Konzentration aus.

Der Ultimobranchialkörper ist inzwischen vollständig aus der IV. Schlundtasche ausgegliedert; er besitzt die Form einer Cyste mit zentralem Lumen, das von kubischem Epithel umfaßt wird. Während des 11. und 12. Entwicklungstages finden sich stets geringe, aber deutliche Glykogenvorkommen im Cytoplasma der Epithelzellen. Gleichzeitig zeigt sich eine mäßige Aktivität der G-6-P-DH, aber bereits ein — der Schilddrüse vergleichbarer — hoher RNS-Gehalt. Im Stadium 12 d, 11 h erreicht er, dorso-cranial die Seitenlappen der Schilddrüse (weitere Beschreibung s. Kap. e).

Im Verlauf des 12. Entwicklungstages beginnt die *Trennung des Epithelkörperchen-Thymus-Komplexes*, welcher zunächst noch durch einen dünnen, glykogen-

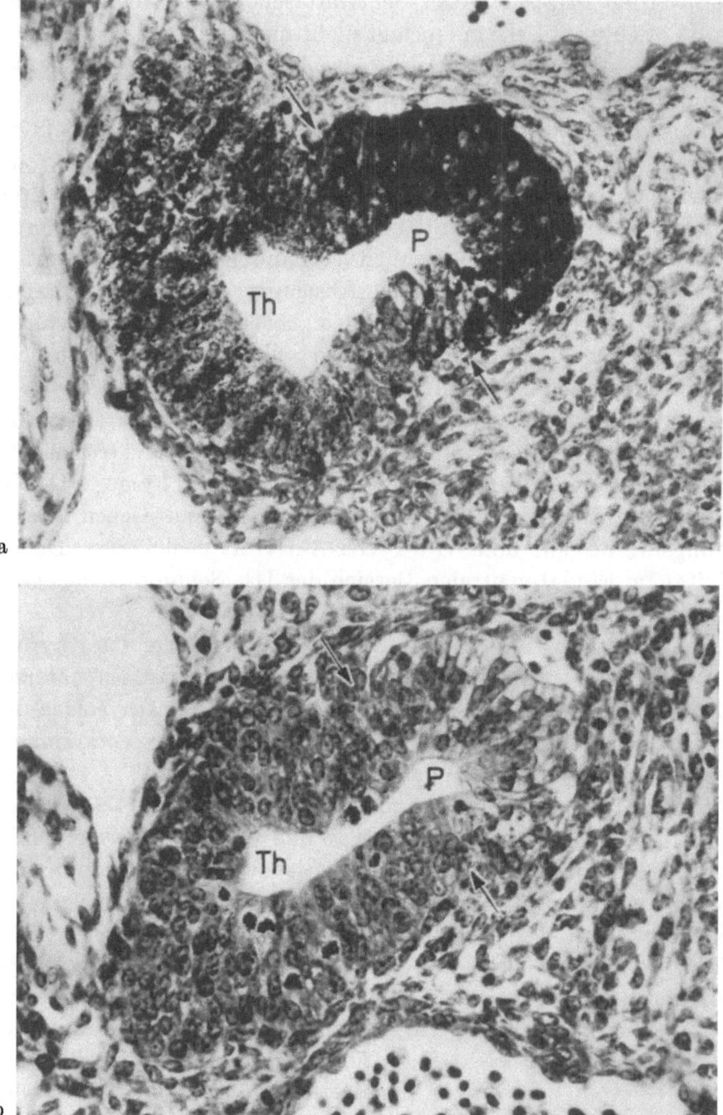

Abb. 7a u. b. III. Schlundtasche. a (10 d, 2 h), Perjodsäure-Leukofuchsin/Alcianblau, sagittal; außerordentlich hoher, nahezu homogen verteilter Glykogengehalt im Anlagebereich der Parathyroidea; geringere, fein- bis mittelgranuläre Glykogenvorkommen im Anlagebereich des Thymus. b (10 d, 2 h), Gallocyanin-Chromalaun, sagittal; Epithel im Anlagebereich der Parathyroidea RNS-arm; hohe RNS-Konzentration im Epithel der Thymusanlage. (P Anlagebereich der Parathyroidea, Th Anlagebereich des Thymus; Pfeile markieren die Grenze zwischen der Parathyroidea- und Thymusanlage)

reichen Zellenstrang verbunden bleibt. Im Thymus nimmt der Glykogengehalt zwar insgesamt wieder ab, doch bleiben vereinzelte Reticulumzellhaufen im Zentrum des Organs und besonders in einer direkt subcapsulär gelegenen Zone glykogenreich. Die mit den Gefäßen verlaufenden mesenchymalen Zellen sind

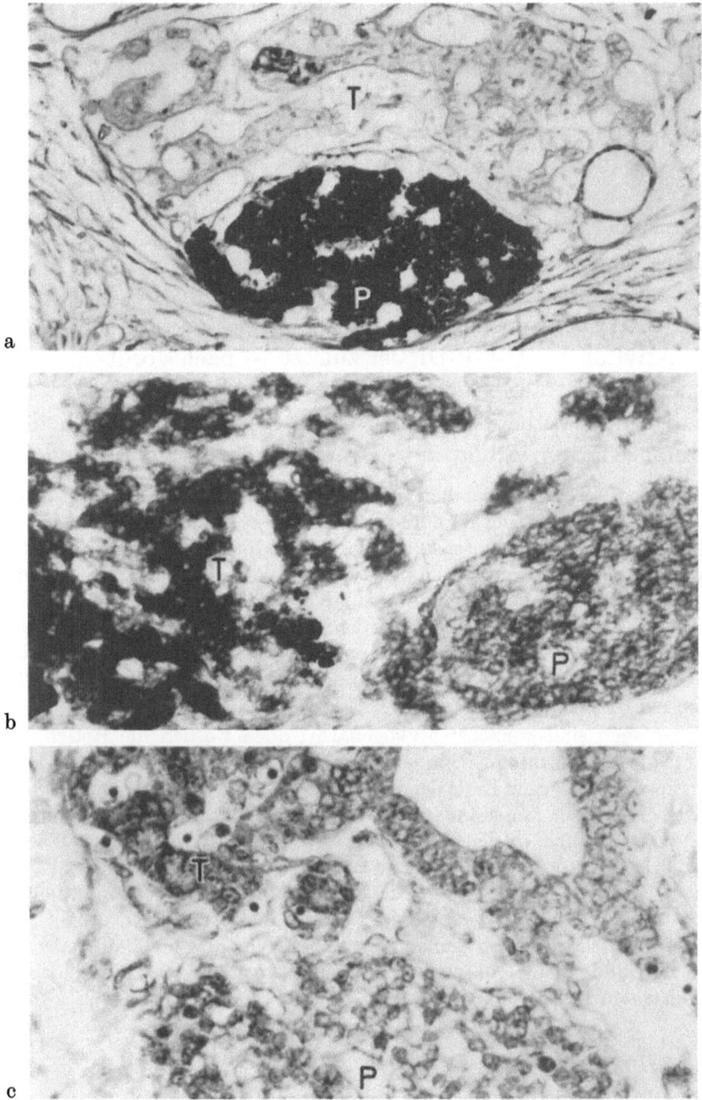

Abb. 8a—c. Parathyroidea. a (13 d, 9 h), Perjodsäure-Leukofuchsin/Alcianblau; sehr hoher Glykogengehalt in der Parathyroidea; Ausbildung von Blutsinus. Benachbarte Thyroidea glykogenfrei. b (13 d, 9 h), Glucose-6-Phosphat-Dehydrogenase; nur schwache Enzymaktivität im Epithel der Parathyroidea; vergleichsweise sehr starke Reaktion in der Thyroidea. c (13 d, 9 h), Methylgrün-Pyronin; geringer RNS-Gehalt in der Parathyroidea; vergleichsweise höhere RNS-Konzentration im Epithel der Thyroidea. (*P* Parathyroidea, *T* Thyroidea)

glykogenfrei. G-6-P-DH ist in der gesamten Organanlage nachweisbar, doch zeichnen sich einzelne Zellen im Zentrum und die Randzone durch eine etwas höhere Aktivität aus. Im Innern des Organs fallen die in Zellhaufen zusammenliegenden Lymphocyten durch ihren RNS-Reichtum auf, darüber hinaus wird durch ihre hohe RNS-Konzentration die Innenzone der Thymusrinde deutlich hervorgehoben.

Während der beiden letzten Tage der Fetalentwicklung lockert sich das Parenchym der Epithelkörperchen durch zunehmende Vascularisation auf; nach wie vor aber sind die Zellen der Parathyroidea überaus glykogenreich (Abb. 8a). Die gleichmäßig verteilte Aktivität der G-6-P-DH ist wie in den Vorstadien nur mäßig hoch und vergleichsweise wesentlich schwächer als z.B. in der benachbarten Thyroidea (Abb. 8b). Auch der RNS-Nachweis zeigt keine gegenüber früheren Stadien auffällige Veränderung: in der Parathyroidea ist ein nur geringer RNS-Gehalt nachweisbar (Abb. 8c).

Der Thymus verarmt gegen Ende der Entwicklung weiterhin an Glykogen, das schließlich auch aus den zentralen Partien des Organs völlig verschwindet und nur noch in Form kleinster Granula subcapsulär nachweisbar bleibt. Eine mittelstarke Aktivität der G-6-P-DH ist zuletzt — nach vorübergehendem Auftreten in einzelnen, zentral gelegenen Zellgruppen — nur noch in den mittleren Bereichen der Rinde vorhanden. Hohe RNS-Konzentrationen finden sich in zentralen Lymphzellgruppen und in der Innenzone der Thymusrinde.

Zusammenfassung. Epithelkörperchen und Thymus entstehen aus dem entodermalen Epithel der III. Schlundtasche, der Ultimobranchialkörper entstammt der rudimentären IV. Schlundtasche. Schon die Anlagenbereiche lassen sich histochemisch voneinander unterscheiden: die Anlagen der Epithelkörperchen sind glykogenreich, aber RNS-arm, die des Thymus glykogenarm und RNS-reich; der Ultimobranchialkörper enthält einen mittleren Glykogen- und RNS-Gehalt. — Von der Abschnürung der Epithelkörperchen aus der III. Schlundtasche bis zum Ende der Fetalzeit bleibt das histochemische Verhalten der Parathyroidea nahezu konstant: das Organ ist überaus glykogenreich, besitzt dagegen aber einen nur geringen RNS-Gehalt und eine nur mäßige Aktivität der G-6-P-DH.

Die Thymusanlagen sind zunächst glykogenarm; doch werden die Reticulumzellen des Thymus im Laufe der Entwicklung zunehmend glykogenreicher; das einwachsende Mesenchym enthält kein Glykogen. Erst gegen Ende der Fetalperiode verliert der Thymus seinen Glykogengehalt bis auf wenige Granula in der äußeren Rindenzone. Während dieses gesamten Zeitraums zeigt die G-6-P-DH vor allem in der Rinde eine mittlere Aktivität. Die RNS-Verteilung im Thymus ist ungleichmäßig; während das einwachsende Mesenchym nur mäßig RNS-haltig ist, zeigen die großen Lymphocyten bevorzugt in der Rindeninnenzone einen auffallenden RNS-Reichtum.

Der Ultimobranchialkörper weist einen mittleren Glykogengehalt auf, eine mittelstarke G-6-P-DH-Aktivität und einen — bis zu seiner Verschmelzung in das Thyroideaparenchym — allmählich ansteigenden RNS-Gehalt.

g) Oesophagus

Zeitplan: 8 d, 16 h   Ausbildung der Laryngotrachealrinne
             9 d, 2 h   Beginn der Abschnürung der Respirationsorgane vom Vorderdarm
             9 d, 13 h   Oesophagus und tiefe Anlage der Respirationsorgane nur noch im
                         laryngealen Bereich zusammenhängend
            10 d, 8 h   Beginn der Schichtendifferenzierung in der Oesophaguswand.

Oesophagus, Trachea und Lunge werden vom entodermalen Epithel des Vorderdarmes gebildet, welcher zunächst, bis weit über die Mitte des späteren Oesophagusbereichs hinaus, in seiner Dorsalwand reichlich Glykogen enthält. Im Stadium 8 d, 16 h wird durch eine umschriebene Glykogeneinlagerung auch in der Ventralwand die *Anlage der Laryngotrachealrinne* markiert, welche sich — von caudal nach cranial fortschreitend — abschnürt und schließlich zur Ausgliederung der Lungentrachealanlage führt. Das Epithel des so gebildeten Oesophagus wird nun, von der Dorsalwand ausgehend über die Seiten hinweg ins-

gesamt glykogenreich. Vorübergehend kommt es dann zu starken Epithel-
wucherungen, so daß über größere Strecken das Lumen von glykogenbeladenen
Epithelzellen ausgefüllt wird. Das Verhalten der G-6-P-DH ist unauffällig: das
gesamte Epithel des Oesophagus zeigt gleichmäßig eine nur mittlere Aktivität.
Der mittelstarke RNS-Gehalt des ventral gelegenen Oesophagusepithels findet
sich nach der Ausgliederung der Trachea schließlich auch in den seitlichen und
dorsalen Abschnitten, welche zuvor ausgesprochen RNS-arm waren.

Vom Stadium 9 d, 13 h bis über den 12. Entwicklungstag hinaus bleibt der
Glykogengehalt des Oesophagusepithels unverändert hoch. Während dieser Zeit
steigt die G-6-P-DH-Aktivität allmählich an; RNS-reich ist vor allem das Epithel
des oberen Oesophagusdrittels, während in den distalen Zweidritteln etwas
geringere Konzentrationen nachweisbar sind.

Die Differenzierung der Oesophaguswand aus dem zunächst morphologisch einheitlichen periepithelialen Mesenchym geht mit folgenden histochemischen Veränderungen einher: bis zum Stadium 10 d, 8 h ist das Cytoplasma der Mesenchymzellen glykogenarm; bei einer äußerst schwachen G-6-P-DH-Aktivität lassen sich
nur geringe RNS-Konzentrationen nachweisen. Dann aber bilden sich erste lokale
Unterschiede im Polysaccharidgehalt aus: während im inneren epithelnahen Bereich des Mesenchyms intercellulär zunehmend mit Alcianblau färbbare saure
Mucopolysaccharide auftreten, werden in den äußeren Mesenchymbezirken intra-
cellulär Spuren von Glykogen sichtbar. Im weiteren Verlauf der Differenzierung
der Oesophaguswand kommt es zur Vermehrung der sauren Mucopolysaccharide
zunehmend in der inneren Schicht. Die äußere Mesenchymschicht differenziert
sich zur Tunica muscularis, welche sich durch eine zunehmende G-6-P-DH-
Aktivität und hohe RNS-Konzentration auszeichnet. Ab dem 12. Entwicklungstag kommt es zu einer verstärkten Glykogeneinlagerung in die Oesophagusmuskulatur, wovon zunächst die inneren zirkulären, später dann auch die äußeren
longitudinalen Muskelfaserschichten betroffen sind. Durch besonderen Glykogenreichtum ist die Muscularis des proximalen Drittels ausgezeichnet, während in den
distalen Zweidritteln vermehrt neutrale Mucopolysaccharide aufgefunden werden.

Vom Stadium 11 d, 8 h ab zeigt sich nun aber auch im zunächst einheitlich
mäßig aktiven periepithelialen Gewebe eine zunehmende Aktivität in den sich
differenzierenden Muskelschichten, welche bis zum Ende der Fetalperiode erhalten
bleibt.

Vom Stadium 11 d, 14 h an läßt sich in dem bisher einheitlich geringe RNS-
Mengen aufweisenden periepithelialen Mesenchym die Muscularis auch durch ihren
zunehmenden RNS-Gehalt abgrenzen. Dabei ist die Anlage der Muskulatur des
proximalen Drittels schon zu Beginn RNS-reicher als die der distalen Zweidrittel.
Ab dem Stadium 12 d, 12 h findet sich auch in epithelnahen Mesenchymbereichen
vermehrt RNS, wobei sich diese Zunahme ebenfalls zuerst im proximalen Drittel
zeigt.

Zwei Tage vor der Geburt vermindert sich insgesamt der Glykogengehalt des
nun mehrschichtigen Epithels: glykogenreich sind nur noch die abgeflachten
lumennahen Zellschichten. Das Maximum des Enzymgehalts liegt dagegen in der
Mittelzone, hohe RNS-Konzentrationen sind in den basalen Epithelschichten
nachweisbar.

Zusammenfassung. Bis zur Ausgliederung der Respirationsorgane findet sich Glykogen bevorzugt in der dorsalen, RNS in der ventralen Wand des Vorderdarms. Nach der Abtrennung der Trachea zeigt das Oesophagusepithel einen hohen Glykogengehalt, die Aktivität der G-6-P-DH nimmt kontinuierlich zu, RNS findet sich reichlich vor allem im Epithel des proximalen Oesophagusdrittels. — Das periepitheliale Mesenchym bildet die Wand des Oesophagus. Frühzeitig können histochemisch zwei Schichten unterschieden werden: eine epithelnahe Innenzone, welche reich an sauren Mucopolysacchariden ist, aber eine nur geringe G-6-P-DH-Aktivität und nur wenig RNS aufweist. Weiterhin eine mesenchymale Außenzone, welche die Muscularis bildet. Sie enthält im proximalen Drittel reichlich Glykogen, eine hohe G-6-P-DH-Aktivität und hohe RNS-Konzentrationen. In den distalen Zweidritteln der Oesophagusmuskulatur lassen sich neutrale Mucopolysaccharide, aber vergleichweise geringere Glykogenmengen, eine etwas schwächere G-6-P-DH-Aktivität und nur mäßige RNS-Konzentrationen nachweisen. — Gegen Ende der Fetalzeit ist das Oesophagusepithel mehrschichtig: die flachen lumennahen Zellen enthalten Glykogen, das Maximum der G-6-P-DH-Aktivität findet sich in den mittleren Epithelschichten, RNS-reich sind die basalen Schichten.

h) Magen

Zeitplan: 8 d, 16 h Leichte Dilatation des Darmrohres als erstes Anzeichen der Magenanlage

9 d, 13 h beginnende Drehung der einen Magenseite nach ventral

10 d, 8 h Magenlumen erheblich erweitert

11 d, 8 h Ausbildung des Vormagens

12 d, 14 h morphologisch noch weitgehend einheitliches Epithel im gesamten Magen

13 d, 9 h erste Falten im Drüsenmagenepithel

14—15 d Ausdifferenzierung der verschiedenen Epithelien.

Der erste morphologische Hinweis auf die *Magenanlage* findet sich in Form einer leichten Auswölbung des distalen Vorderdarmbereichs (8 d, 16 h). Histochemisch ist die Anlage des Magens durch einen deutlichen Glykogengehalt des zweischichtigen Epithels ausgezeichnet; das Polysaccharid tritt hier erstmals nicht nur in der — von Anfang an glykogenreichen — Dorsalwand des Vorderdarms auf, sondern ist auch in den Seiten und in der Ventralwand enthalten. Die RNS-Konzentration ist in den lumenwärtigen Zellen des Vorderdarms etwas erhöht, jedoch wird die Anlage des Magens hierdurch nicht besonders hervorgehoben.

Sehr früh schon — im Stadium 9 d, 13 h — beginnt eine *Drehung des Magens*, welche im Verlauf des 10. und 11. Entwicklungstages dazu führt, daß die linke Seite nach ventral, die rechte Seite nach dorsal verlagert wird. Die Ansatzkante des Mesogastrium dorsale am Magen wird zur späteren Curvatura maior, die Ansatzkante des Mesogastrium ventrale zur Curvatura minor. Eine gleichzeitig beginnende Abkippung der Magenanlage gegenüber dem Darmrohr führt zur Wendung der Kardia nach links abwärts, des Pylorusteils nach rechts aufwärts.

In dieser Entwicklungsphase ist Glykogen im Bereich des mehrschichtigen Epithels des Magens nicht mehr gleichmäßig verteilt: bevorzugt findet sich das Polysaccharid im Epithelbereich der entstehenden Curvatura minor zwischen Kardia und Pylorus und von dort ausgehend in der dorsalen Magenhälfte, während die ventrale Magenhälfte einschließlich der entstehenden Curvatura maior glykogenarm ist. Im Gegensatz zur ungleichen Verteilung des Glykogengehalts ist die Aktivität der G-6-P-DH einheitlich hoch im Epithel aller Magenbereiche. Allerdings ist innerhalb des Epithels stets ein Aktivitätszuwachs von den basalen zu den lumenwärts gelegenen Zellen hin erkennbar. Der Enzymverbreitung vergleichbar ist der Nachweis von RNS-Vorkommen: das Epithel aller Magenbereiche zeigt einen gleichen mittleren RNS-Gehalt. Während aber in Kardianähe alle Epithelschichten gleich viel RNS enthalten, findet sich im übrigen, besonders auffällig im Epithel der ventralen Magenwand, ein Konzentrationsanstieg von den basalen zu den lumenwärtigen Schichten. Im Zeitraum dieser frühen Entwicklungsbewegungen (10.—11. Tag) ist — bei einer gleichmäßig-schwachen G-6-P-DH-Aktivität und RNS-Konzentration — polysaccharidhistochemisch die *Differenzierung der Magenwandschichten* bereits erkennbar: innerhalb des verdichteten periepithelialen Mesenchyms läßt sich eine an sauren Mucopolysacchariden reiche innere Zone von einer reichlich neutrale Mucopolysaccharide und Spuren von Glykogen aufweisenden äußeren Zone abgrenzen.

Mit dem 12. Entwicklungstag beginnt eine der histologisch erkennbaren Differenzierung vorauseilende unterschiedliche histochemische Charakterisierung von Vor- und Drüsenmagenepithel, welche sich während des 13. und bis zum Beginn des 14. Entwicklungstages immer deutlicher ausprägt. Von der überaus glykogenreichen Kardiaregion aus setzt sich das Polysaccharid auf den angrenzenden Bereich des Vormagens und des Drüsenmagens fort. Das *Vormagenepithel* enthält in seinen lumenwärts gelegenen Zellschichten reichlich Glykogen, während die basalen Zellschichten nahezu glykogenfrei sind. Demgegenüber ist eine hohe Aktivität der G-6-P-DH und eine mittlere RNS-Konzentration in allen Epithelschichten des Vormagens gleichmäßig verteilt.

Im *Epithel des Drüsenmagens* findet sich die Fortsetzung des Kardiaglykogen bevorzugt in den basalen Zellschichten; die lumenwärts gelegenen Zellen sind durchweg glykogenarm. In Übereinstimmung mit der Glykogenverteilung erscheint auch das Maximum der G-6-P-DH-Aktivität in den basalen Zellschichten. Der hohe RNS-Gehalt des Drüsenmagenepithels dagegen ist vorwiegend in den lumenwärts gelegenen Zellen konzentriert.

Erst ab dem Stadium 14 d, 8 h ist nun auch histologisch eine Unterscheidung des Vormagen- und des Drüsenmagenepithels möglich. Im Vormagen verliert das Epithel insgesamt an Höhe und wird etwa drei-bis vierschichtig. Die apikalen Zellschichten sind abgeflacht, ohne aber bereits Verhornungsvorgänge erkennen zu lassen. Das Epithel des Drüsenmagens ist durch Wucherungen des Mesenchyms zu kleinen Falten aufgeworfen, jedoch sind unterschiedliche Zelltypen noch nicht erkennbar.

Histochemisch enthalten bis zur Geburt die lumenwärts gelegenen Zellen des Vormagenepithels noch Glykogen, wenn auch in geringerer Menge als zuvor. Demgegenüber steigt die Aktivität der G-6-P-DH in allen Zellschichten gleichermaßen maximal an. Hinsichtlich des nicht sehr hohen RNS-Gehalts kommt es — mit fortschreitendem Glykogenschwund — ebenfalls zu einer allmählichen Bevorzugung der lumenwärtigen Zellschichten. — In dem zu Falten aufgeworfenen Epithel des Drüsenmagens zeigt sich ein — meist schwacher — Glykogengehalt nun bevorzugt dem Lumen zu gelegen. Die Aktivität der G-6-P-DH ist demgegenüber aber immer noch bevorzugt basal zu finden; der RNS-Gehalt ist in allen Zellschichten gleichmäßig hoch.

Die Magenwand wird außen von einer deutlichen Muscularis gebildet, die bis zur Geburt kaum Glykogen, sondern vor allem diastaseresistentes perjodatreaktives Material enthält, darüber hinaus aber eine G-6-P-DH-Aktivität und reiche

RNS-Vorkommen aufweist. Im epithelnahen Mesenchym sind eine nur geringe Enzymaktivität und RNS-Konzentration, aber reichliche Mengen saurer Mucopolysaccharide nachweisbar.

Zusammenfassung. Das Epithel der frühen Magenanlage enthält reichlich Glykogen, dagegen eine nur geringe RNS-Konzentration. — Nach der Drehung des Magens ist das Epithel der kleinen Kurvatur und der Dorsalwand glykogenreich, das der großen Kurvatur und der Ventralwand ist glykogenarm. Zu diesem Zeitabschnitt sind die Aktivität der G-6-P-DH und der RNS-Gehalt des Magenepithels allgemein gegenüber den Vorstadien etwas erhöht. Nach der Anlage des Vormagens kann *vor* der histologischen Differenzierung des noch einheitlichen Epithels eine histochemische Charakteristik des Vor- und Drüsenmagenepithels erhoben werden: im Epithel des Vormagens findet sich Glykogen in den lumenwärts gelegenen Zellschichten, die G-6-P-DH-Aktivität und die RNS-Konzentration sind in allen Epithelschichten gleich hoch. Im Epithel des Drüsenmagens ist Glykogen und die Aktivität der G-6-P-DH bevorzugt in den basalen Zellagen enthalten, die RNS hat ihr Maximum in den lumenwärts gelegenen Zellschichten. — Gegen Ende der Fetalperiode nimmt die Menge des lumenwärts gelegenen Glykogen im Vormagenepithel ab, die Enzymaktivität wird in allen Schichten sehr hoch; RNS findet sich nun zunehmend auch dem Lumen zu gelegen. Das zu ersten Faltungen aufgeworfene Epithel des Drüsenmagens verliert gleichfalls an Glykogen, das nun bevorzugt ebenfalls lumenwärts auftritt; während die hohe Aktivität der G-6-P-DH nach wie vor die basalen Zellagen bevorzugt, ist RNS gleichmäßig im gesamten Epithel enthalten.

i) Mittel- und Enddarm

Zeitplan:

7 d, 18 h	beginnende Abfaltung des Darmrohres vom Dotterentoderm
8 d, 0 h	Mitteldarm mit noch weit offener Verbindung zum Dottersack; kurzer Hinterdarm zum Rohr geschlossen
9 d, 2 h	Mitteldarm bis auf den Ductus omphaloentericus geschlossen; Enddarm mündet in Kloake
9 d, 16 h	Ausbildung der Nabelschleife; Beginn der Teilung der Kloake durch Einwachsen des Septum urorectale
10 d, 8 h	Drehung der Nabelschleife; Ausbildung des Caecum
11 d, 8 h	Dünndarmschlingen mit Mesenterium; Septum urorectale fast vollständig
12 d, 14 h	Bildung der Schleimhautfalten im Dünndarm
13 d, 9 h	ausgeprägtes Dünndarmkonvolut; Rectum durch Epithelwucherungen fast verschlossen
14 d, ... h	fortschreitende Ausbildung von Zotten und Krypten.

Zu Beginn des *8. Entwicklungstages* gliedert sich die Darmrinne vom Dottersackentoderm ab. Zunächst schließt sich die Rinne am cranialen und am caudalen Ende zum Darmrohr, während der mittlere Abschnitt in noch weit offener Verbindung zum Dottersack steht. Im Stadium 8 d, 16 h kann die Grenze zwischen Vorder- und Mitteldarm am distalen Ende der Magenanlage (s. Kap. h) festgelegt werden. Die im gleichen Zeitraum sich bildende Leberbucht markiert die Anlage des Duodenum. Die zunächst noch offene Rinne des auf das Duodenum folgenden Mitteldarmabschnitts schnürt sich in der Folge zunehmend ab, bis im *Stadium 9 d, 2 h* nur noch eine enge Verbindung zwischen Darm und Dottersack, der Ductus omphaloentericus bestehen bleibt. Der Enddarm mündet mit der Allantois in einen gemeinsamen Endabschnitt, die Kloake, ein. Diese ist durch die Kloakenmembran nach außen zunächst verschlossen. Die im folgenden dargelegten histochemischen Befunde beziehen sich vorzugsweise auf das *Duodenum* (Einmündungsbereich des Ductus choledochus) sowie — nach Markierung der Grenze zwischen Mittel- und Enddarm durch die Caecumanlage — auf den *Ileocaecalbereich* und auf das *Rectum*.

Der hohe Glykogengehalt des Mitteldarms im Rinnenstadium ist streng auf das eigentliche Darmepithel beschränkt: die seitlichen Grenzen der Rinne zum glykogenfreien Dotterentoderm sind scharf. Nach vollzogenem Rohrschluß im Bereich des proximalen Mitteldarms (= Duodenumanlage) und im Enddarm ist zunächst ebenfalls reichlich Glykogen im gesamten einschichtigen Epithel enthalten. Im Zusammenhang mit der aussprossenden Leberanlage (vgl. Kap. j) verliert der duodenale Darmabschnitt jedoch seinen Glykogengehalt, so daß sich in diesem jungen Stadium die *Duodenumanlage* frühzeitig als glykogenarmer Abschnitt gegenüber dem übrigen Dünndarm abgrenzen läßt. In der Folge verliert allmählich auch der an das Duodenum anschließende Mitteldarmabschnitt bis zur Einmündung des Ductus omphaloentericus seinen Glykogenbestand. Distal von der Dottergangmündung bleibt jedoch im Mittel- und Enddarm der Glykogengehalt des Darmepithels hoch.

Gleichzeitig mit der bei der Aussprossung der Leberanlage einsetzenden Abnahme des Glykogengehalts im Duodenalepithel findet sich ein deutlicher Anstieg der G-6-P-DH-Aktivität, welcher vor allem den apikalen Bereich des einschichtigen Epithels betrifft. Auch der anfangs nahezu gleichmäßige mittlere RNS-Gehalt des gesamten Darmepithels erfährt Veränderungen: das Epithel des Duodenum wird RNS-reicher, während es in den anschließenden Darmabschnitten zu einer RNS-Verarmung kommt. Erst im Epithel der Kloake und des kloakennahen Enddarmabschnitts sind wieder höhere RNS-Konzentrationen nachweisbar. Die G-6-P-DH zeigt dort eine gleichmäßig hohe Aktivität.

Das wesentlich schnellere Wachstum des Darmrohres im Vergleich zur dorsalen Rumpfwand führt am 10. Entwicklungstag zur Ausbildung der im wesentlichen zunächst sagittal gestellten Nabelschleife, die zum Teil in den weiten physiologischen Nabelbruch hineinragt. Im caudalen Schenkel der Nabelschleife ist im Stadium 10 d, 2 h die *Caecumanlage* erkennbar. Erst von diesem Zeitpunkt an ist die Dünndarmanlage von der Dickdarmanlage morphologisch eindeutig abgrenzbar.

Im Stadium der Nabelschleife ist der Glykogengehalt des Duodenalepithels und des anschließenden cranialen Schenkels der Nabelschleife äußerst geringfügig. Demgegenüber aber zeichnet sich das Epithel des caudalen Schenkels und der Caecumanlage durch seinen hohen Glykogengehalt aus. Die im caudalen Schenkel der Darmschleife anschließende Colonanlage ist proximal glykogenarm; der Polysaccharidgehalt steigt jedoch nach distal kontinuierlich an, so daß das Epithel des Enddarms und der Kloake ausgesprochen glykogenreich ist.

Im Gegensatz zu der deutlich Maxima und Minima aufweisenden Glykogenverteilung zeigt sich einheitlich im gesamten Darmepithel eine überaus hohe Aktivität der G-6-P-DH. Hinsichtlich des RNS-Bestandes liegen in den einzelnen Darmabschnitten folgende Verhältnisse vor: das Epithel des Duodenum ist RNS-reich. Durch eine ebenfalls erhöhte RNS-Konzentration ist der zwischen den im übrigen RNS-armen mittleren Dünndarm- und proximalen Dickdarmabschnitten gelegene Ileocaecalbereich ausgezeichnet. Auch das Epithel des Enddarms und der Kloake zeigt vermehrt RNS. Während des 10. Entwicklungstages verdichtet sich das periepitheliale Mesenchym zur Anlage der Darmwand. Sie ist histochemisch durch ihren Gehalt an neutralen Mucopolysacchariden ausgezeichnet. Durch den Nachweis der G-6-P-DH-Aktivität und des RNS-Gehalts können

— mit Ausnahme des Enddarmabschnitts — innerhalb des Wandmesenchyms zwei Zonen unterschieden werden: eine mäßig enzymaktive und RNS-arme epithelnahe Innenzone und die außen gelegene Anlage der Tunica muscularis mit hoher G-6-P-DH-Aktivität und reichem RNS-Gehalt.

Am *12. Entwicklungstag* zeigt der gesamte Dünndarm ausgedehnte Schlingenbildungen. Im Enddarmbereich ist das Septum urorectale in cranio-caudaler Richtung bereits weit vorgeschoben, so daß aus der Kloake der Sinus urogenitalis und das Rectum entstanden sind. Durch mesenchymale Wucherungen im perianalen Bereich ist die Analgrube, die Mündung des entodermalen Enddarms in die Tiefe verlagert worden, so daß nach Durchbruch der Analmembran dem distalen Rectumabschnitt ein ektodermales Endstück, das Proctodaeum zugefügt wird.

Die histochemisch auffälligste Veränderung dieser Entwicklungsphase betrifft das Duodenum, in dessen zuvor polysaccharidarmes Epithel nun große Glykogenmengen eingelagert werden. Dabei zeichnen sich die Mündungsabschnitte der Ausführungsgänge der großen Drüsen (Leber, Pankreas) innerhalb des Duodenalepithels zunächst durch glykogenfreie Ursprungskegel aus, etwas später erscheint das Polysaccharid jedoch auch im Epithel der Ausführungsgänge. Auch in den an das Duodenum anschließenden Dünndarmabschnitten steigt der Glykogengehalt an, während das Epithel des zuvor glykogenreichen distalen Dünndarms nun ebenso polysaccharidarm wie das Epithel des proximalen Dickdarms wird. Lediglich das Caecum ist unverändert glykogenreich. Die weiter distal gelegenen Colonabschnitte enthalten in Richtung auf das Caecum hin zunehmende Glykogenmengen. Das während dieses Zeitraums bereits aus entodermalen und ektodermalen Epithelien gebildete Rectum zeigt eine „keimblattspezifische" Glykogenverteilung: während das bereits mehrschichtige entodermale Epithel überaus glykogenreich ist, enthält das zweischichtige ektodermale Epithel einen vergleichsweise geringeren Glykogengehalt, der vorwiegend in den apikalen Zellbereichen der oberflächlichen Zellschicht und in den basalen Zellbereichen der tief gelegenen Zellschicht zu finden ist.

Während die allgemein hohe G-6-P-DH-Aktivität lediglich das Epithel des Duodenum durch ein Maximum markiert, können durch den RNS-Nachweis insgesamt drei Darmabschnitte hoher Konzentration innerhalb des sonst RNS-armen Darmepithels abgegrenzt werden: RNS-reich erweist sich das Epithel des Duodenum, des Ileocaecalbereichs und des entodermalen Rectumabschnitts. Das ektodermale Proctodaeum zeigt einen von außen nach innen abfallenden RNS-Gehalt.

Von der Mitte des *13. Entwicklungstages* ab führen lebhafte Epithelzellproliferationen im gesamten Darmrohr zur vorübergehenden Einengung des Lumens. Im proximalen Dünndarmbereich, jedoch distal der Einmündung des Ductus choledochus, zeigen sich erste Anzeichen von Zottenbildungen, die durch das Auftreten umschriebener, gefäßreicher Mesenchymwucherungen eingeleitet werden. Diese Zottenbildung greift im Laufe des *14. Entwicklungstages* auf das gesamte Duodenum über. Im Dickdarm, vor allem im distalen Bereich, wird durch die Epithelproliferation das Lumen nahezu vollständig verlegt.

Die nun einsetzende Zottenbildung im proximalen Dünndarm führt zu charakteristischen Verlagerungen des seit dem Vorstadium bereits vorhandenen hohen Glykogengehalts: maximal polysaccharidreich ist nun das Epithel der Zottenspitzen, in den zwischen den Zotten gelegenen Senken ist das Epithel demgegenüber ausgesprochen glykogenarm. Die G-6-P-DH-Aktivität stimmt mit der Glykogenverteilung überein: hohe Enzymaktivitäten werden im Epithel der Zottenspitzen, geringere in den Senken aufgefunden. Genau umgekehrt ist die Verteilung des RNS-Gehalts: während im Zottenspitzenepithel nur spärliche RNS-Mengen nachgewiesen werden können, enthält das Epithel der Zottensenken hohe RNS-Konzentrationen. Dem geringen Glykogengehalt des noch keine Zottenanlagen aufweisenden Epithels im distalen Dünndarm entsprechen ein auch nur mäßiger Enzymgehalt und geringe RNS-Konzentrationen.

Das Epithel des gesamten Dickdarms — nun auch des proximalen Colon — ist glykogenreich. Im distalen Dickdarm sind in der Tiefe des lebhaft proliferierenden glykogenreichen Epithels die Lumina der Kryptenanlagen mit sauren Mucopolysacchariden angefüllt. Das Epithel des distalen Dickdarms zeichnet sich ebenfalls durch eine hohe G-6-P-DH-Aktivität und durch RNS-Reichtum aus. Während das drei-bis vierschichtige Epithel des ektodermalen Rectumabschnitts nunmehr einen dem entodermalen Epithel vergleichbar hohen RNS-Gehalt aufweist (Abb. 9c), ist die Keimblattgrenze durch den geringeren Glykogengehalt (Abb. 9a) und durch eine etwas schwächere G-6-P-DH-Aktivität (Abb. 9b) des Proctodaeum scharf markiert. — In den zwei Schichten der mesenchymalen Wandung des gesamten Darmrohrs lassen sich nun gegenüber den Vorstadien folgende Veränderungen nachweisen: die epithelnahe Innenzone enthält mit Alcianblau färbbare saure Mucopolysaccharide; die G-6-P-DH-Aktivität und der RNS-Gehalt sind nun deutlich angestiegen. In der Außenzone, der Anlage der Tunica muscularis, lassen sich unverändert neutrale Mucopolysaccharide, eine hohe G-6-P-DH-Aktivität und reichliche RNS-Vorkommen nachweisen.

Das Epithel der Zottenspitzen ist bis zum *Ende der Fetalzeit* glykogenreich. Dabei steht der Glykogengehalt in einem direkten Zusammenhang zur Zottenhöhe; die weit in das Darmlumen vorspringenden Jejunalzotten enthalten auf der Zottenspitze wesentlich mehr Glykogen als die niedrigen Zotten des Duodenum und Ileum. Dagegen bleiben die zwischen den Zotten gelegenen Senken und die davon ausgehenden Kryptenanlagen des Dünndarms glykogenarm. Eine hohe G-6-P-DH-Aktivität enthält nun nicht nur mehr das Epithel der Zottenspitzen, auch die Kryptenanlagen erweisen sich enzymaktiv. Allgemein findet sich eine höhere G-6-P-DH-Aktivität im Epithel der bereits weiter differenzierten proximalen Dünndarmabschnitte als im Ileum. Ein der Glykogenverteilung nahezu komplementäres Verhalten zeigt die RNS-Verteilung: im Epithel der glykogenreichen Zottenkuppen ist RNS kaum nachweisbar, dagegen enthält das Epithel der Kryptenanlagen hohe RNS-Konzentrationen. Dieses Konzentrationsgefälle zwischen Zottenbasis und Zottenkuppe ist um so steiler, je weiter die Zotten in das Lumen reichen.

Caecum und *Colon* sind am Ende der Fetalperiode mäßig glykogenreich. Große Glykogenmengen sind hingegen im Epithel des Rectum enthalten, lediglich im ektodermalen Anteil findet sich nur wenig Polysaccharid in der basalen Zellschicht. Eine große Anzahl von Becherzellen, bevorzugt in den Krypten liegend, enthält saure Mucopolysaccharide. Die mit Alcianblau färbbaren Schleime füllen die Kryptenlumina und vielfach auch das gesamte Darmlumen aus. Der

so erkennbaren Funktionsaufnahme der Krypten entspricht eine hohe Aktivität
der G-6-P-DH. Der ektodermale Rectumabschnitt erweist sich hingegen nur
mäßig enzymaktiv. RNS-reich ist das Cytoplasma des Kryptenepithels, jedoch

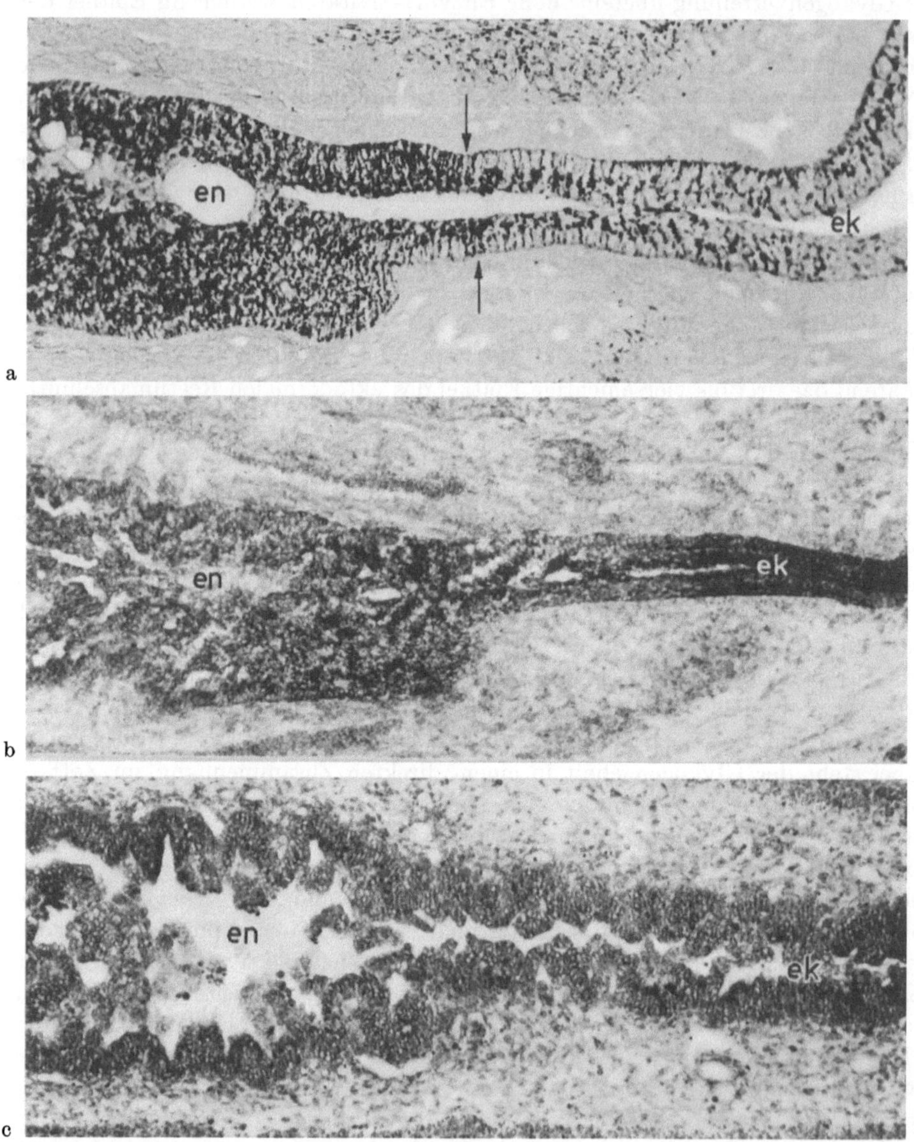

Abb. 9a—c. Enddarm. a (13 d, 9 h), Perjodsäure-Leukofuchsin/Alcianblau, sagittal; hoher
Glykogengehalt im gesamten (entodermalen) Rectumepithel; deutlich geringere Glykogenvorkommen im (ektodermalen) Proctodaeum. b (13 d, 9 h), Glucose-6-Phosphat-Dehydro-
genase, sagittal; hohe Enzymaktivität im Epithel des (entodermalen) Rectumabschnitts;
nur in der Übergangszone zum (ektodermalen) Proctodaeum geringere Enzymaktivität.
c (13 d, 9 h), Methylgrün-Pyronin, transversal; hohe RNS-Konzentration im Epithel des
(entodermalen) Rectumabschnitts; etwas geringerer RNS-Gehalt im (ektodermalen) Epithel
des Proctodaeum. (*en* entodermaler Rectumabschnitt, *ek* ektodermaler Rectumabschnitt;
durch Pfeile markierte Keimblattgrenze)

besteht kein großer Konzentrationsunterschied zu den übrigen Epithelzellen der Rectumschleimhaut. Deutlich geringere RNS-Mengen sind im ektodermalen Epithel des Rectum enthalten.

Zusammenfassung. Das entodermale Epithel des gesamten Mittel- und Enddarms ist bereits im Rinnenstadium glykogenreich und enthält auch nach Rohrschluß einen hohen Glykogengehalt bei gleichzeitig mäßiger G-6-P-DH-Aktivität und geringen RNS-Vorkommen. Dieses einheitliche histochemische Verhalten ändert sich im Zuge der Spezialisierung einzelner Darmabschnitte. Charakteristisches Stoffverhalten findet sich vor allem im Duodenum, im Ileocaecalbereich und im Rectum.

Als erster Darmabschnitt verliert das Duodenum mit der Ausdifferenzierung der Leber- und Pankreasanlagen sein Glykogen, gleichzeitig steigt die Aktivität der G-6-P-DH und die RNS-Konzentration an. Bis zum Beginn des letzten Viertels der Fetalperiode ist das Duodenal-epithel glykogenarm, dann finden sich große Polysaccharidmengen bei gleichzeitig hoher G-6-P-DH-Aktivität und reichen RNS-Vorkommen. Durch ein solches Stoffverhalten ist im Duodenum — wie im gesamten Dünndarm — die „Vorbereitungsphase" vor der Zottenbildung gekennzeichnet. Mit Entstehung der Dünndarmzotten sind Glykogen und G-6-P-DH-Aktivität bevorzugt im Epithel der Zottenspitzen, RNS vor allem in den Senken zwischen den Zotten lokalisierbar. — Die Caecumanlage wird bereits frühzeitig durch den hohen Glykogengehalt im unteren Schenkel der Nabelschleife markiert. Während mit zunehmender Ausbildung Glykogen vor allem im Epithel des Caecum selbst aufzufinden ist, wird die Ein-mündungsstelle des Ileum durch einen hohen RNS-Gehalt hervorgehoben. Erst gegen Ende der Fetalzeit wird das Caecum ebenso glykogenarm wie das Colon. — Bis zur Geburt ist der entodermale Rectumabschnitt glykogenreich. Demgegenüber zeigt das ektodermale Procto-daeum — auch nach Verschwinden der Analmembran — nur geringe Glykogenvorkommen. Eine solche „Keimblattspezifität" findet sich auch im Verhalten der G-6-P-DH-Aktivität und des RNS-Gehalts, die sich bevorzugt im entodermalen Bereich nachweisen lassen.

j) Leber

Zeitplan:

8 d, 16 h	Leberbucht in zwei Diverticula aufgegliedert; aus dem cranialen Diverticulum aussprossende Leberzellstränge
9 d, 0 h	Lebergewebe von Sinus durchsetzt; Gallenblasenanlage im caudalen Diverticulum erkennbar
9 d, 13 h	im caudalen Diverticulum weitere Ausbildung der Gallenblase sowie des Ductus choledochus und der ventralen Pankreasanlage
10 d, 2 h	ausgeprägte Lobierung des Leberparenchyms; Gallenblase liegt der ventralen Bauchwand an
11 d,...h	reiche sinusoidale Vascularisation der Leber
12 d,...h	Beginn der Läppchenbildung
13 d,...h	zunehmende Verdichtung des Leberparenchyms.

Im Stadium der aus dem cranialen Divertikel der duodenalen Leberbucht aussprossenden *Leberzellstränge* zeigt sich in den jungen Leberzellen zunächst ein dem Duodenalepithel entsprechend hoher Glykogengehalt (vgl. Kap. i). Die relativ schwache Aktivität der G-6-P-DH ist vorwiegend auf die Peripherie des Cytoplasma beschränkt. Der RNS-Gehalt der primären Leberzellen ist deutlich höher als in den auch relativ RNS-reichen Zellen des Duodenalepithels. Bereits im Verlauf des folgenden Entwicklungstages verlieren die Leberzellen ihren Glykogengehalt. Gleichzeitig kommt es zu einem merklichen Anstieg der G-6-P-DH-Aktivität; der RNS-Gehalt ist äußerst hoch. Bevorzugt in die caudalen Leber-abschnitte wandern etwa am Ende des 9. Tages mit den sinusartig sich ver-zweigenden Vv. omphalomesentericae *Mesenchymzellen* ein, welche zunächst durch ihren Glykogengehalt von den inzwischen polysaccharidfrei gewordenen Leber-zellen abgrenzbar sind. Im Zuge der Ausdifferenzierung des Mesenchyms zu Blutstammzellen verlieren aber auch sie ihr Glykogen. Frühzeitig lassen sich *Megakaryocyten* durch ihre auffällige diastaseresistente Perjodatreaktivität identifizieren. In epithelialen und mesenchymalen Leberzellen steigt die G-6-P-DH-Aktivität weiter an. Auch nach Einwanderung der relativ RNS-reichen Mesenchymzellen bleibt der maximale RNS-Gehalt der Parenchymzellen ein hervorstechendes Merkmal.

Nach dem Verschwinden von Glykogen auch aus den Zellen mesenchymaler Herkunft ist die gesamte Leber für die Dauer von etwa 24 Std (am 10. Tag) praktisch glykogenfrei. In der Folge aber, *im Stadium der ausgeprägten sinusoidalen Vascularisation* am 11. Tag, beginnt mit der Einlagerung von zunächst perinucleär gelegenen kleinen Glykogengranula im Cytoplasma gefäßnah gelegener Zellen ein Prozeß, der bis zum Ende der Fetalperiode durch das Auftreten ständig größer werdender Glykogenmengen die Leber zum polysaccharidreichsten Organ des gesamten Fetus macht. Schon einige Tage vor der Geburt verringert sich die Zahl der glykogenfreien blutbildenden Zellelemente, so daß zum Abschluß der Fetalperiode das in Läppchen gegliederte dichte Leberparenchym einen über das gesamte Organ gleichmäßig hohen Glykogengehalt aufweist.

Während in den glykogenarmen hämatopoetischen Mesenchymzellen eine nur mäßige G-6-P-DH-Aktivität und nur mittlere RNS-Konzentrationen nachgewiesen werden können, entspricht der ständigen Zunahme des Glykogengehalts in den Leberparenchymzellen eine ebenso konstante Zunahme der G-6-P-DH-Aktivität und des RNS-Gehalts. In den beiden letzten Tagen vor der Geburt aber, in denen der Glykogengehalt des Leberepithels sein Maximum erreicht, fällt die Enzymaktivität deutlich ab und stellt sich auf eine mittlere Höhe ein. Auch die RNS-Konzentration der Leberzellen ist im pränatalen Stadium weniger hoch als 2 Tage vor der Geburt.

Zusammenfassung. In den frühen aussprossenden Leberzellen ist ein dem Duodenalepithel entsprechender Glykogengehalt nachweisbar, der schon nach einem Tag völlig verschwindet. Diesem Polysaccharidverlust entspricht ein deutlicher Anstieg der G-6-P-DH-Aktivität bei konstant hohen RNS-Konzentrationen. Nach einem glykogenfreien Intervall von etwa 24 Std tritt das Polysaccharid in zunehmender Menge im Leberparenchym auf und erreicht bis zur Geburt ein Maximum. Bis etwa zwei Tage vor der Geburt steigen auch die G-6-P-DH-Aktivität und die RNS-Konzentration im Leberparenchym an, um von da an bei weiter zunehmendem Glykogenreichtum nur noch in mittlerer Höhe nachweisbar zu sein.

k) Pankreas

Zeitplan:

9 d, 8 h	kleine solide ventrale und dorsale Pankreasanlagen
9 d, 13 h	Pankreasanlagen mit beginnender Lumenbildung
10 d, 2 h	zunehmende Verzweigung der Pankreasanlagen
11 d, 8 h	weit verzweigtes Gangsystem; ventrale Pankreasanlage noch selbständig
12 d, 14 h	ausknospende Adenomere; Fusion der beiden Pankreasanlagen
13 d, 9 h	Pankreas im Stadium der Parenchymbildung
14 d, ... h	Sekretbildung in den Drüsenendstücken; Langerhanssche Inseln.

Ventral und dorsal vom Duodenum ausgehend entstehen zwei zunächst getrennte Pankreasanlagen in Form kolbiger *unverzweigter Epithelstränge*, welche zu Anlagebeginn einen dem Epithel des Duodenum (vgl. Kap. i) vergleichbaren gleichmäßig hohen Glykogengehalt aufweisen. Schon wenige Stunden später treten in den Strängen Lumina auf, in denen sich, wie im Innern des Darmes,

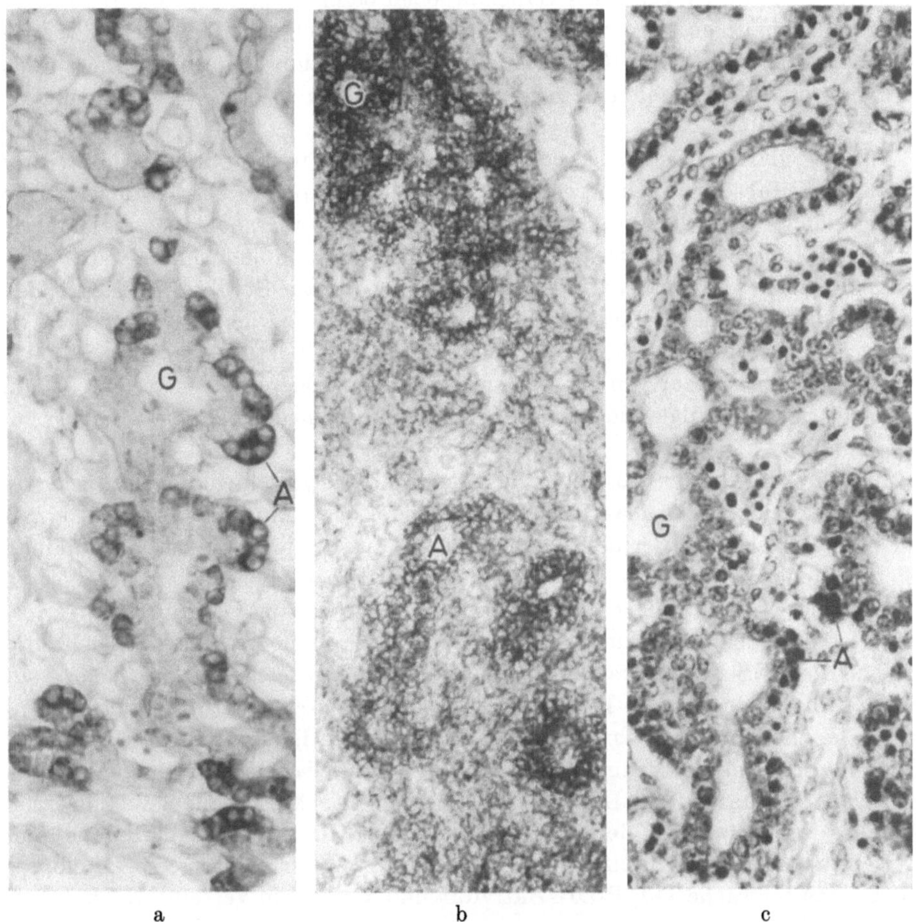

Abb. 10a—c. Pankreas. a (12 d, 14 h), Perjodsäure-Leukofuchsin/Alcianblau; durch Glykogenreichtum ausgezeichnete Adenomere innerhalb des polysaccharidfreien Gangepithels.
b (12 d, 8 h), Glucose-6-Phosphat-Dehydrogenase; hohe Enzymaktivität im Gangepithel;
etwas schwächere Reaktion in den aussprossenden Adenomeren. c (12 d, 16 h), Methylgrün-
Pyronin; in den aussprossenden Adenomeren höhere RNS-Konzentration als im Epithel der
Gangabschnitte. (*A* Adenomere, *G* Gangepithel)

Spuren neutraler und saurer Sekrete erkennen lassen. Eine G-6-P-DH-Aktivität
ist im Epithel der jungen Pankreasanlagen im Gegensatz zum Duodenalepithel
noch nicht nachweisbar; der RNS-Gehalt ist hoch und gleicht dem des Duodenalepithels. Gleichzeitig mit dem Auftreten der *ersten Verzweigungen* der kanali-
sierten Pankreasanlagen verschwindet das Glykogen; bei einer mäßigen Steigerung der Enzymaktivität tritt eine deutliche Erhöhung der RNS-Konzentration ein.

Noch vor einer morphologisch erkennbaren Ausbildung von Adenomeren
treten im Verband der Gangepithelien einzelne mit Glykogen beladene Zellen auf,
aus denen in der Folge durch Volumenzunahme und Teilungsvorgänge glykogenreiche Knospen an den im übrigen polysaccharidfreien Pankreasgängen hervor-
gehen (Abb. 10a). Im Stadium dieser Adenomerenbildung ist die G-6-P-DH-

Aktivität in den glykogenfreien Gangepithelien bereits sehr hoch, während sie in den glykogenhaltigen aussprossenden Adenomeren noch sehr schwach ist, jedoch allmählich zunimmt (Abb. 10 b). Die RNS-Konzentration hingegen ist im Epithel der aussprossenden Adenomere gegenüber den terminalen Gangabschnitten leicht erhöht (Abb. 10 c).

Im Stadium der Fusion der beiden Pankreasanlagen und im unmittelbar darauf folgenden Zeitabschnitt erhöht sich die Zahl der Adenomere beträchtlich, welche sich allmählich von dem soliden Knospenstadium in Bläschen umwandeln. Die konischen Epithelzellen dieser Bläschen enthalten nunmehr lumenwärts vom Zellkern reichlich Glykogen. Beim Übergang zu diesem Stadium erfolgt in den Anlagen der Drüsenendstücke nun ein plötzlicher Anstieg der G-6-P-DH-Aktivität, welche sich dort nun höher als im Gangepithel findet. Gleichzeitig ist jetzt die RNS-Konzentration im Cytoplasma des Bläschenepithels besonders hoch, während demgegenüber das polysaccharidfreie Gangepithel RNS-ärmer geworden ist.

Bis zum Beginn des 2. Tages vor der Geburt verschwindet das gesamte Glykogen aus dem Cytoplasma des Bläschenepithels. An seine Stelle tritt nun eine diastaseresistente Perjodatreaktivität, die auf die jetzt einsetzende Bildung von Sekreten zu beziehen ist. Während dieser stofflichen Änderung im Cytoplasma des Drüsenepithels, welche zuerst in den Drüsenbläschen der Organperipherie auftritt, bleibt die Enzymaktivität der G-6-P-DH weiterhin überaus hoch. Gleichzeitig erreicht die RNS-Konzentration ihr Maximum. *Während der letzten beiden Tage vor der Geburt* bleibt die G-6-P-DH-Aktivität und RNS-Konzentration der Drüsenendstücke unverändert hoch; gleichzeitig äußert sich die einsetzende Funktionsaufnahme des exokrinen Pankreas durch die Abgabe diastaseresistenter perjodatreaktiver Sekrete in das Lumen der Drüsenendstücke und der Ausführungsgänge. — Im Cytoplasma der sich während dieses Zeitraums ebenfalls aus dem Gangepithel bildenden Inselzellkomplexe finden sich nur Spuren von Glykoproteiden, eine schwache G-6-P-DH-Aktivität und wenig fein verteilte RNS.

Zusammenfassung. Im Epithel der frühen Pankreasanlagen sind nur Spuren von Glykogen, jedoch reichlich RNS nachweisbar. Während das Polysaccharid alsbald ganz verschwindet, weisen die sich fortschreitend verzweigenden Pankreasanlagen eine noch ansteigende RNS-Konzentration bei gleichzeitiger Aktivität der G-6-P-DH auf. Erste Anlagen von Adenomeren sind bereits innerhalb des morphologisch noch einheitlichen Gangepithels durch ihren Glykogenreichtum abgrenzbar. Auch im weiteren enthalten die Anlagen der Drüsenendstücke viel Glykogen, eine deutliche Enzymaktivität und eine hohe RNS-Konzentration. Die plötzlich einsetzende Sekretbildung in den Drüsenendstücken geht mit einem vollständigen Glykogenverlust bei stark ansteigender G-6-P-DH-Aktivität und weiterhin hohen RNS-Konzentrationen einher.

V. Diskussion

Die vorliegende Untersuchung ging von einer histochemisch orientierten Fragestellung aus, deren Bearbeitung jedoch zeitlich sicher einzuordnende morphologische Daten voraussetzte. Diese wurden in einer *morphologischen Voruntersuchung* gewonnen, deren Ergebnisse in gedrängter Form in den den einzelnen Kapiteln vorausgestellten Zeitplänen und in kurzen Hinweisen im Text ihren Niederschlag gefunden haben. Eine detaillierte Übersicht über die Entwicklungsphasen des Darmkanals und seiner Derivate lagen für den Goldhamster bisher nicht vor. —

Es zeigte sich bei diesen Voruntersuchungen, daß das Entwicklungsalter der Embryonen aufgrund des angenommenen Ovulationstermins mit großer Sicherheit vorausgesagt werden konnte. Der Vergleich einzelner in der Literatur beschriebener Entwicklungsphasen (VENABLE, 1946; WARD, 1948; BOYER, 1948, 1953; AUSTIN, 1955; HAMILTON und SAMUEL, 1956; SCHENK, 1957) mit dem eigenen Material ergab gute Übereinstimmung.

Aus den bereits dargelegten Gründen konnten die *histochemischen* Untersuchungen der Entwicklungsphasen des Goldhamsters nicht auf alle Organe ausgedehnt werden. Unter Berücksichtigung dieser Notwendigkeit zur Beschränkung sollte aber dennoch ein weites Spektrum verschiedener Gewebe und Organe beibehalten werden, deren Verbindung untereinander die Gemeinsamkeit der Herkunft darstellt. Solche Voraussetzungen waren mit der Wahl des Darmtrakts und seiner Derivate erfüllt, da in diesem Zusammenhang — von einem gemeinsamen Ursprung ausgehend — die unterschiedlichsten Entwicklungs- und Differenzierungsprozesse verfolgt werden können: die Entwicklung von Hohlorganen, exokrinen und endokrinen Drüsen, die Einbeziehung verschiedener Keimblätter bei der Organogenese, die Bildung von Hartsubstanzen, Drüsenprodukten sowie die Differenzierung verschiedener Epithelien. — Auf der Grundlage des regionalen und zeitlichen Vergleichs der gewonnenen Befunddaten sollen in der Folge wesentliche Problemkreise erörtert werden.

1. Chemomorphologie

Seit den ersten Untersuchungen BERNARDs (1859) wurde immer wieder der *Glykogengehalt* als ein *Charakteristikum der embryonalen Zelle* angesehen, obwohl schon frühzeitig in den einzelnen Entwicklungsstadien verschiedener Species glykogenhaltige und glykogenfreie Gewebe nebeneinander beobachtet worden waren (ROUGET, 1859; BARFURTH, 1885; MARCHAND, 1885; CREIGHTON, 1896; GIERKE, 1905; LUBARSCH, 1906). Jedoch litt anfangs die Verbindlichkeit aller Aussagen unter der Unvollkommenheit der angewendeten Methoden. Erst seit der Entwicklung hochempfindlicher und spezifischer Nachweisreaktionen, insbesondere der Perjodsäure-Leukofuchsinreaktion (PSL) mit entsprechenden Kontrollverfahren (Diastasetest) ist es möglich geworden, wirklich stichhaltige Aussagen über Art und Verteilung von Polysacchariden im Gewebe zu machen. Die Anwendung dieser modernen Methoden im vorliegenden Untersuchungsgut zeigt in jedem Zeitstadium der Entwicklung ein gleichzeitiges Nebeneinander glykogenreicher und glykogenarmer bzw. -freier Gewebe. In Übereinstimmung mit einer großen Zahl von Einzeluntersuchungen anderer Autoren an embryonalem Material (Zusammenfassung s. GRAUMANN, 1964) kann mit Sicherheit festgestellt werden, daß Glykogen weder notwendigerweise noch gleichmäßig während der Entwicklung auftritt und demnach kein allgemeines Charakteristikum embryonaler Gewebe darstellt. Gleichfalls haben histochemische Untersuchungen über den *Enzymgehalt* (Zusammenfassung s. ROSSI, 1964) und die *RNS-Verteilung* (BRACHET, 1959; HINRICHSEN, 1959; VENDRELY und VENDRELY, 1959) in Embryonen ergeben, daß auch diese Stoffe nicht gleichmäßig, sondern in *charakteristischen Verteilungsmustern* auftreten. Ein solches Nebeneinander stofflich qualitativ und quantitativ unterschiedlicher Areale erlaubt es, aufgrund histochemischer Merkmale Bereiche in Geweberverbänden zu charakterisieren und zu umgrenzen, welche sich vielfach den Erkennungsmöglichkeiten der morphologischen Technik entziehen („chemomorphologische Methode", Graumann, 1953).

Eine dem Manifestwerden morphologischer Charakteristika (Faltungen, Knospenbildungen u.ä.) vorausgehende *histochemische Markierung* bestimmter embryonaler Areale ist — im Vergleich zur Umgebung — durch einen besonders hohen oder auffällig geringen Stoffgehalt, d.h. durch den Nachweis eines steilen Gradienten möglich. Doch sind die einzelnen histochemischen Stoffnachweise hinsichtlich ihrer Einsetzbarkeit für chemomorphologische Fragestellungen nicht gleichwertig. So wird — unabhängig von ihrer Bedeutung im Stoffwechselgeschehen — stets eine nur umschrieben auftretende Substanz, wie z.B. Glykogen, die Abgrenzung eines embryonalen Areals besser ermöglichen als Stoffe, welche nahezu ubiquitär im Gewebe vorhanden sind. Nach den eigenen Befunden kommen zwar G-6-P-DH und RNS praktisch in allen Zellen vor, doch kann auch der Nachweis dieser beiden Stoffe dann für die histochemische Charakterisierung eines Areals geeignet sein, wenn besonders ausgeprägte Konzentrationsunterschiede vorliegen, was in gewissen Entwicklungsstadien vielfach der Fall ist.

So zeichnen sich durch eine gegenüber der geweblichen Umgebung hohe *G-6-P-DH-Aktivität* die Anlagen des Urdarms, der Adenohypophyse und der Thyroidea aus. Auch in späteren Entwicklungsstadien sind der Hypophysenvorderlappen und die Schilddrüse durch hohe Enzymaktivitäten gekennzeichnet. Jedoch ist der Gehalt an G-6-P-DH offensichtlich kein allgemeines Charakteristikum für fetale endokrine Organe: Parathyroidea und Langerhanssche Inseln lassen nur mäßige Enzymaktivitäten erkennen, die eine frühe Abgrenzung von der Umgebung nicht erlauben. — Durch die Beobachtung, daß allgemein in Mesenchymzellen geringere Enzymaktivitäten als in Epithelzellen nachweisbar sind, ist oftmals eine genauere Analyse des cellulären Organaufbaus möglich. So können in der Leber aufgrund ihres unterschiedlichen Enzymgehalts die mesenchymalen Blutbildungszellen vom Leberparenchym unterschieden werden.

Die hohe *RNS-Konzentration* in morphogenetischen Arealen (Zusammenfassung s. Brachet, 1959) ist vor allem von Hinrichsen (1956, 1959) zur Kennzeichnung von Realisationsfeldern bei der Entwicklung der Maus benutzt worden. Auch im vorliegenden Untersuchungsgut findet sich eine große Anzahl von embryonalen Arealen, die durch eine auffallend hohe RNS-Konzentration ausgezeichnet sind. Von den Organanlagen erwiesen sich vor allem die Urdarmgrube, die Zahnleiste, die Anlage der Adenohypophyse, des Thymus, des Pankreas und der Leber als besonders RNS-reich. Auch in späteren Entwicklungsphasen können einzelne Abschnitte des Darmtrakts und seiner Derivate durch ihre besonders hohe RNS-Konzentration von ihrer Umgebung abgegrenzt werden, z.B. die exokrinen Drüsensprossen, das Duodenum, der Ileocaecalbereich und der Enddarmabschnitt. Schon frühzeitig wird die Umwandlung des inneren Schmelzepithels zur Adamantoblastenschicht durch raschen Anstieg der RNS-Konzentration angezeigt. Als ein wichtiges chemomorphologisches Merkmal für die Früherkennung der epithelialen Differenzierungsphase der Zunge, des Oesophagus und des Vormagens darf die bevorzugte RNS-Konzentration in den basalen Epithelschichten gewertet werden.

Besonders aber ist der oft streng umschriebene *Glykogengehalt* für die histochemische Charakterisierung eines bestimmten embryonalen Areals ausnutzbar.

Bereits früher ist auf die Möglichkeit hingewiesen worden, mit Hilfe des Polysaccharidnachweises osteo- und chondrogenetische Areale des Kopfbindegewebes schon vor der histologischen Differenzierung zu identifizieren und abzugrenzen (GRAUMANN, 1953). Doch ist eine solche histochemische Markierung von Realisationsfeldern aufgrund ihres Glykogengehalts keineswegs nur auf Gewebe mesenchymaler Herkunft anwendbar. Das vorliegende Untersuchungsmaterial enthält zahlreiche Beispiele dafür, daß sich auch Anlagen epithelialer Herkunft durch Besonderheiten ihres Polysaccharidgehalts frühzeitig ausweisen. Im Gegensatz zu ihrem Verhalten bei histologischen Färbungen lassen sich die Zellen der Urdarmgrube aufgrund des Glykogenreichtums scharf von den an dieser Anlage nicht beteiligten Dotterentodermepithelien abgrenzen; glykogenreich ist auch die Anlage der Schilddrüse im sonst polysaccharidfreien Epithel des Kiemendarmbodens. Geradezu ein Musterbeispiel der Chemomorphologie ist der unterschiedlich starke Glykogengehalt im Epithel der III. Schlundtasche; die extrem glykogenreiche Anlage der Epithelkörperchen ist von der wesentlich glykogenärmeren Thymusanlage scharf abgrenzbar. Glykogenreich sind auch das Epithel der frühen Magenanlage und die aussprossenden Leberzellen.

Der histochemische Glykogennachweis ermöglicht aber nicht nur die Früherkennung von Organanlagen. Auch bei bereits weiter fortgeschrittener Differenzierung ist oftmals der Polysaccharidnachweis eine rein morphologischer Technik überlegene Methode zur *Abgrenzung und Verfolgung von Zellgruppen.* So konnte in dieser Untersuchung erstmals in gewissen Bereichen eine — wenn auch nur relativ kurzzeitige — „Keimblattspezifität" des Glykogengehalts gefunden werden: an der Bildung der primären Mundhöhle und des Enddarmabschnitts sind Epithelien sowohl entodermaler als auch ektodermaler Herkunft beteiligt. Zunächst sind die Keimblattgrenzen auch histologisch deutlich durch die Rachen- bzw. Analmembran gekennzeichnet. Nach dem Verschwinden dieser Membranen können die gleichartig gebauten Epithelien aber nur noch histochemisch unterschieden werden: während das entodermale Epithel glykogenreich ist, ist im ektodermalen Epithel des Stomodaeum und Proctodaeum ein nur geringer Glykogengehalt nachweisbar. Die während der gesamten pränatalen Entwicklungsphase konstant überaus glykogenreichen Parathyroideae sind histochemisch stets gegenüber den anfangs histologisch gleichartig aufgebauten Geweben der benachbarten Thyroidea und Thymusanlage abgrenzbar.— Schließlich sollen zwei Beispiele dafür angeführt werden, daß es mit Hilfe des Glykogennachweises gelingt, das Schicksal von Zellen und Geweberverbänden auch dann zu verfolgen, wenn aufgrund rein histologischer Färbungen eine sichere Abgrenzung noch nicht oder nicht mehr möglich ist. *Vor* der morphologischen Erkennbarkeit können im einheitlichen Epithel der Pankreasgänge die Anlagen der Adenomere durch ihren Glykogenreichtum von den primären Gangabschnitten unterschieden werden. *Nach* der Verschmelzung mit dem Schilddrüsengewebe sind die Ultimobranchialkörper durch ihren Glykogengehalt noch lange Zeit als stofflich eigenständige Gebilde ausgezeichnet; ein Charakteristikum, das auch in neueren Untersuchungen über die immer noch unbekannte Funktion dieser Organe bisher nicht berücksichtigt wurde (KLAPPER, 1950; SWARTZ und HERTZEL, 1964).

Anhand zahlreicher Beispiele kann somit aufgezeigt werden, daß vielfach morphologisch-erkennbaren Entwicklungsprozessen histochemisch nachweisbare

Veränderungen im Gewebe vorausgehen. Daher bedeutet die Anwendung histochemischer Techniken eine den üblichen histologischen Färbungen überlegene
Methode zur Früherkennung, Abgrenzung und Verfolgung von Organanlagen und
Zellverbänden. Unabdingbare Voraussetzung für die Klärung solcherart anstehender Fragen mit den Mitteln der Histochemie aber ist die Anwendung
kontrollierbarer Nachweismethoden entweder an nativen Gefrierschnitten oder
an optimal fixiertem Gewebe (z.B. für den Glykogennachweis: GRAUMANN, 1958;
SASSE und GRAUMANN, 1965; vgl. SASSE, 1965). Die Bedeutung der Histochemie
als einer *chemomorphologischen Methode* darf aber nicht nur in der Möglichkeit der
Erweiterung und Verfeinerung bei der Erfassung von normalen ontogenetischen
Vorgängen gesehen werden; die Anwendung histochemischer Techniken in der
vergleichenden Anatomie verspricht Aufschluß bei vielen bisher nicht lösbaren
Problemen (z.B. Homologisierungsfragen, STARCK, 1953). Auch dürften vom
Normalverhalten abweichende histochemisch faßbare Veränderungen des Stoffgehalts bei Fehlbildungen von großer Bedeutung für die teratologische Forschung sein.

2. Die Zuordnung des histochemischen Stoffmusters zu bestimmten Entwicklungsphasen

Während im Rahmen einer Chemomorphologie die stoffwechselmäßige Stellung
des nachgewiesenen Stoffes belanglos ist, und somit die Histochemie in mehr
statischer Betrachtungsweise angewendet wird, bedeutet die Möglichkeit, in
systematischen Untersuchungen Veränderungen von Form und Struktur mit
solchen des Stoffgehalts aufeinander beziehen zu können für die bisher nahezu
ausschließlich morphologisch orientierte embryologische Forschung eine Erweiterung der Betrachtung in *funktioneller Richtung*. Zwar erlaubt die in aufeinanderfolgenden Entwicklungsstadien topochemisch erfaßbare Konzentrationsänderung *eines* Stoffes zunächst nur einen sehr geringen Teilaspekt des mit
Strukturänderung einhergehenden Stoffwechselgeschehens. Günstigere Voraussetzungen, Einblick in die örtlichen Stoffwechselprozesse zu gewinnen, bietet aber
der Nachweis *mehrerer* Stoffe, deren Verknüpfung untereinander aus biochemischen Untersuchungen bekannt ist. Da die hier histochemisch untersuchten Stoffe
durch den Pentose-Phosphatcyclus miteinander verbunden sind, soll im folgenden geprüft werden, ob bei den dargelegten morphogenetischen und Differenzierungsprozessen ein regelmäßiger örtlicher oder zeitlicher Zusammenhang zwischen
dem Auftreten von Glykogen, G-6-P-DH und RNS aufzufinden ist.

Urdarm

Die Anlage des Urdarms zeichnet sich histologisch gegenüber dem visceralen
Dotterentoderm lediglich durch eine Volumenzunahme der beteiligten Zellen aus.
Histochemisch können jedoch bereits im frühen Stadium der Darmrinne zwei
Zonen unterschieden werden: die den *Rinnenboden* bildenden Zellen enthalten
reichlich Glykogen, eine hohe G-6-P-DH-Aktivität und eine mittlere RNS-
Konzentration, welche vor allem in den an das Ektoderm angrenzenden Zellabschnitten aufzufinden ist. Eine solche Polarisierung ist auch in der Urdarmanlage der Maus beobachtet worden und stellt keinen Fixierungsartefakt dar

(HINRICHSEN, 1959). Anders ist das Stoffverteilungsmuster in den Zellen der zum Rohrschluß aufeinander zuwachsenden *Rinnenränder:* bei einem vergleichsweise deutlich geringeren, gleichmäßig verteilten Glykogengehalt und hoher G-6-P-DH-Aktivität zeigen die Zellen dieser Wachstumszone eine auffällig hohe RNS-Konzentration. Da nach vollzogenem Rohrschluß eine nur mehr mäßige Enzym-aktivität und nur geringfügige RNS-Vorkommen nachweisbar sind, der Glykogen-gehalt jedoch — vor allem im Mittel- und Enddarm — wieder ansteigt, wurde das Stoffverteilungsmuster: Abnahme des Glykogengehalts, hohe G-6-P-DH-Aktivität und ansteigende RNS-Konzentration als Kennzeichen wachstums-aktiver Zonen gewertet (SASSE, 1967). Dieser zunächst nur für die Urdarmanlage beschriebene Befund soll im folgenden bei weiteren Organen nachgeprüft werden.

Zunge

Während in Untersuchungen anderer Autoren (MOOG und WENGER, 1952: Maus, Hamster; ROSSI et al., 1954: Mensch) das fetale Zungenepithel allgemein als glykogenreich beschrieben wurde, konnte im vorliegenden Untersuchungs-material erstmals auf eine Verschiebung des epithelialen Glykogengehalts bei der Zungenentwicklung aufmerksam gemacht werden, wobei es synchron in den jeweils gykogenärmer werdenden Abschnitten zu einem Anstieg der G-6-P-DH-Aktivität und der RNS-Konzentration kommt. In dieses Bild paßt der Befund von HINRICHSEN (1959) eines geringen RNS-Gehalts im Epithel der (glykogen-reichen) Unterzungenkerbe, während er in späteren Stadien hohe RNS-Konzentra-tionen im Epithel der Zungenunterseite und des Zungenrückens fand. Folgt man weiterhin der Annahme, daß sich wachstumsaktive Zonen durch abnehmenden Glykogengehalt und zunehmende RNS-Konzentration bei hoher G-6-P-DH-Aktivität auszeichnen, so muß die Entstehung der Unterzungenkerbe als eine mehr passive Bildung durch Überwachsen des Zungenkörpers angesehen werden. Eindeutig vorhanden sind die genannten histochemischen Merkmale in den übrigen Abschnitten des Zungenepithels. Dabei können zwei Phasen unterschieden werden: in der ersten Phase des Zungenwachstums kommt es zu der bereits dargelegten Verminderung des Glykogengehalts mit nachfolgender Erhöhung der G-6-P-DH-Aktivität und der RNS-Konzentration jeweils in bestimmten Abschnitten des Zungenepithels. Die zweite Phase betrifft die die histologisch erkennbare Differenzierung einleitende Proliferationsphase des Zungenepithels. Dabei verschwindet der bereits während der ersten Phase verminderte Glykogen-gehalt völlig aus den tiefen Zellschichten; diese Glykogenolyse wird von einer Erhöhung der G-6-P-DH-Aktivität und der RNS-Konzentration begleitet. Schließlich ist Glykogen nur noch in den oberflächlichsten Zellschichten nach-weisbar, aus denen es mit dem Einsetzen der Verhornungsprozesse dann völlig verschwindet. Das Maximum der Enzymaktivität ist in den mittleren Zell-schichten aufzufinden, während die tiefen Zellagen RNS-reich sind (vgl. BRACHET, 1942).

Zähne

Ein vergleichbares histochemisches Stoffverhalten kann während der Zahn-entwicklung aufgezeigt werden. Da nach Befunden von BEVELANDER und JOHN-SON (1946) hinsichtlich des Glykogenverhaltens keine prinzipiellen Unterschiede bei der Entwicklung der einzelnen Zahnformen bestehen, erscheint es berechtigt, die bei der Entwicklung des Nagezahns ermittelten Befunde zu verallgemeinern. Bereits frühzeitig verschwindet mit der Anlage der Zahnknospen der von zahlreichen Autoren beschriebene Glykogengehalt (Zusammenfassung s. GRAUMANN, 1964) in der Tiefe der Zahnleiste, wo nun — bei einer gleichzeitigen Aktivitätszunahme der G-6-P-DH — eine hohe RNS-Konzentration nachweisbar ist. — Während in späteren Entwicklungsstadien das äußere Schmelzepithel — im Gegensatz zu den Befunden von DALCQ (1953) — bereits frühzeitig glykogenfrei gefunden wird, verliert das innere Schmelzepithel seinen Glykogengehalt erst mit der Ausbildung der Adamantoblasten. Im Zusammenhang mit diesem Glykogenverlust erreichen die G-6-P-DH-Aktivität und die RNS-Konzentration im Cytoplasma der Adamantoblasten maximale Werte. Auffällig ist aber der ständig hoch bleibende Glykogengehalt des Stratum intermedium (BEVELANDER und JOHNSON, 1955; EASTOE, 1960), einer an die Adamantoblasten angrenzenden verdichteten Zone der Schmelzpulpa. Da über die hier untersuchten Stoffe hinaus im Stratum intermedium eine große Anzahl weiterer Enzyme und Substrate aufgefunden werden konnte, die ebenfalls im Cytoplasma der Adamantoblasten nachweisbar sind (Zusammenfassung s. PROVENZA, 1964) ist eine enge stoffwechselmäßige Verknüpfung dieser beiden Schichten wahrscheinlich. Für das Glykogen des Stratum intermedium darf somit eine trophische Funktion angenommen werden. — Der hohe RNS-Gehalt als Resultat einer gesteigerten RNS-Synthese im inneren Schmelzepithel sowie in der daraus entstehenden Adamantoblastenschicht wurde von HERMANN (1956) noch mit einer möglichen Induktionswirkung der Adamantoblasten auf die Differenzierung der Odontoblasten in Zusammenhang gebracht; vor allem aber kann der RNS-Reichtum der Adamantoblasten zur Erklärung einer hohen Proteinsyntheseleistung herangezogen werden (COSTACURTA, 1964; MATTHIESSEN, 1965). — Auch mit Beginn der Differenzierungsphase der Odontoblasten ist zunächst ein Glykogenverlust in den sich umbildenden Mesenchymzellen feststellbar; gleichzeitig steigen die G-6-P-DH-Aktivität und die RNS-Konzentration an. — Zusammenfassend können also auch bei der Zahnentwicklung zwei Phasen beschrieben werden, welche sich histochemisch durch das Verschwinden von Glykogen sowie durch eine Zunahme der G-6-P-DH-Aktivität und der RNS-Konzentration auszeichnen: die *Wachstumsphase* der Zahnleiste und die *Differenzierungsphase* der Adamantoblasten und Odontoblasten.

Speicheldrüsen

Bei der Entwicklung der Speicheldrüsen des Goldhamsters (BOERNER-PATZELT, 1956) ergibt sich scheinbar eine auffällige Abweichung von dem an den vorigen Beispielen dargestellten Stoffverhalten. Zwar verschwindet der Glykogengehalt jeweils bereits in der frühen Proliferationsphase einer Speicheldrüsenanlage (GRAUMANN, 1952: Maus; ROSSI et al., 1955: Mensch; SEO, 1955: Ratte) sowie in den später auftretenden Verzweigungen der Gangabschnitte bei einem gleichzeitigen Anstieg der G-6-P-DH-Aktivität und der RNS-Konzentration in typischer Weise. Doch ist die gegen Ende der Fetalperiode einsetzende Differenzierungsphase der Drüsenendstücke nicht durch einen weiteren Abbau des Glykogengehalts, sondern durch eine allmählich wieder zunehmende Glykogeneinlagerung gekennzeichnet. Dennoch ist gleichzeitig auch ein Anstieg der G-6-P-DH-Aktivität und der RNS-Konzentration in den Drüsenzellen nachweisbar. — Zur Deutung

dieses zunehmenden Glykogengehalts in den sich differenzierenden Drüsenendstücken kann die Beobachtung herangezogen werden, daß dieses Glykogen
unmittelbar pränatal zugunsten von Glykoproteiden wieder verschwindet. Daraus
darf geschlossen werden, daß Glykogen — über seine sonstige Bedeutung für das
Differenzierungsgeschehen hinaus — hier als Ausgangssubstanz für die Bildung
von kohlenhydrathaltigen Sekreten dient. Diese Sekretbildung ist in der Gl.
retrolingualis eher abgeschlossen als in der Gl. submandibularis, wo beim Goldhamster bis zur Geburt noch Glykogen in den Drüsenendstücken nachgewiesen
werden kann. Ein vergleichbares Nacheinander der Drüsenausreifung konnte in
postnatalen Entwicklungsstadien der Maus ebenfalls gefunden werden (GABE,
1956).

Hypophyse

Das Verhalten von Glykogen bei der Hypophysenentwicklung des Goldhamsters ist bereits Gegenstand einer eingehenden Studie gewesen (CLAUSS, 1962).

Die dort erhobenen Befunde zeigen allgemein eine gute Übereinstimmung mit den hier
vorgelegten, doch soll auf eine Abweichung hingewiesen werden: Im eigenen Befundmaterial
konnte zum Zeitpunkt 8 d, 16 h Glykogen im Epithel der frühen Rathkeschen Tasche nicht
aufgefunden werden; im Gegenteil: der zu diesem Zeitpunkt lediglich auf das Entoderm
beschränkte Polysaccharidgehalt konnte geradezu als Keimblattspecificum angesehen
werden. Doch liegen diesen voneinander abweichenden histochemischen Befunden auch offensichtlich unterschiedliche Anlagebildungen zugrunde. Die von CLAUSS (1962) veröffentlichte
Abbildung einer zeltdachförmigen Hypophysentasche (9 d, 12 h) soll dem Zustand auch des
9. Tages entsprechen. In vorliegendem Befundmaterial aber ist die Hypophysenanlage des
9. Tages weit weniger ausgeprägt; es findet sich lediglich eine Bucht im primären Gaumen,
in deren verdicktem Epithel Glykogen nicht nachweisbar ist. Dagegen ist die Rathkesche
Tasche schon frühzeitig durch eine deutliche G-6-P-DH-Aktivität und reiche RNS-Vorkommen
als wachstumsaktive Zone ausgezeichnet.

Die dann in späteren Entwicklungsstadien auftretende Glykogeneinlagerung
in das Epithel der Adenohypophyse betrifft bevorzugt die zentralen und basalen
Bereiche, während sich zunächst die rostralen und die an die Neurohypophyse
angrenzenden Adenohypophysenabschnitte durch G-6-P-DH-Aktivität und RNS-
Reichtum auszeichnen. Somit ist also auch in der Adenohypophyse das bereits
mehrfach aufgefundene komplementäre Stoffverhalten feststellbar. Für die nach
CLAUSS (1962) durch völlige Glykogenverarmung gekennzeichnete Differenzierungsphase der Adenohypophyse konnten im vorliegenden Befundmaterial als
weitere histochemische Merkmale der allgemeine Anstieg der G-6-P-DH-Aktivität
und der RNS-Konzentration aufgezeigt werden. Ein solcher RNS-Reichtum wurde
auch während vergleichbarer Phasen der Hypophysenentwicklung von HINRICHSEN
(1959) bei der Maus beschrieben.

Schilddrüse

Nach den eigenen Befunden kommt Glykogen nur am Beginn der Schilddrüsenentwicklung vor und verschwindet alsbald nach der Ablösung vom Mundboden. Auch beim Schaf wurde bereits im 7 mm-Stadium die Schilddrüse glykogenfrei gefunden (SCOTHORNE, 1955). Doch ist offenbar die Dauer des Glykogengehalts in der Schilddrüsenanlage sehr stark speciesabhängig. So ist beim Menschen das Schilddrüsengewebe lange Zeit polysaccharidreich (ROSSI et al., 1954),
das Glykogen verschwindet erst mit der Differenzierung des Epithels (SHEPARD

et al., 1954). Es darf somit angenommen werden, daß der Glykogengehalt der Schilddrüsenanlage stets nur vorübergehend ist und nach einer mehr oder weniger langen Zeitspanne verschwindet. Nach den hier dargelegten Befunden steigt mit Beginn der Glykogenolyse in der Schilddrüse die Aktivität der G-6-P-DH an, gleichzeitig werden die Schilddrüsenzellen RNS-reicher. Während anschließend die Enzymaktivität absinkt und der RNS-Gehalt konstant bleibt, ist mit dem Einsetzen der Differenzierungsphase erneut ein deutlicher Anstieg der G-6-P-DH und des RNS-Gehalts nachweisbar. Diese Zunahme des RNS-Reichtums im Cytoplasma des sich differenzierenden Schilddrüsenepithels ist auch beim Menschen beobachtet worden (SHEPARD et al., 1964). Somit sind auch bei der Schilddrüsenentwicklung zwei Phasen unterscheidbar, welche jeweils sowohl mit einem Anstieg der G-6-P-DH-Aktivität einhergehen als auch eine gleichzeitige Zunahme des RNS-Gehalts aufweisen. Je nach Species verschwindet das Glykogen entweder bereits in der ersten Phase der Anlageablösung oder zu Beginn der zweiten Phase der Differenzierung.

Parathyroidea

Besonders auffällig bei der Entwicklung und Differenzierung der Epithelkörperchen ist der von der Anlage im Epithel der III. Schlundtasche bis zum Ende der Fetalentwicklung gleichmäßige Glykogenreichtum. Eine solche Glykogenbeladung ist auch bei menschlichen Keimlingen (frühestes Stadium: 9 mm) aufgefunden worden (LIVINI, 1920; BARGMANN, 1939). Dieser Konstanz des Glykogenreichtums entsprechen eine stets gleichmäßig bleibende schwache Aktivität der G-6-P-DH und eine durchweg geringe RNS-Konzentration. Der von KALLIRIS (1958) bei der Maus beschriebene pränatale Abfall des RNS-Gehalts konnte am vorliegenden Material nicht bestätigt werden. Dieses vom Anfang bis zum Ende der Entwicklung gleichbleibende histochemische Stoffverhalten in den Parathyroideae gibt Anlaß zu der Vermutung, daß keine sehr ausgeprägten Wachstums- und Differenzierungsprozesse bis zur Funktionsaufnahme durchlaufen werden müssen. Zur Unterstützung dieser Annahme darf die Ansicht von CASTLEMAN und MALLORY (1935) herangezogen werden, nach welcher der — bereits seit der Organanlage vorhandene — Glykogengehalt der Parathyroidea als notwendig für die Synthese des Parathormons erachtet wird.

Thymus

Während bei der Ratte der Glykogengehalt der Thymusanlagen alsbald bis auf wenige Granula verschwindet (SEO, 1955), verlagert sich beim Goldhamster mit fortschreitender Entwicklung das zunächst gleichmäßig verteilte Glykogen bevorzugt in die direkt subcapsulär gelegene Rindenzone. In dieser als Keimschicht der Thymusrinde bezeichneten Zone (BARGMANN, 1943), in welcher eine lebhafte Zellproliferation autoradiographisch nachgewiesen wurde (HINRICHSEN, 1963; KÖBBERLING, 1965) sind eine verstärkte G-6-P-DH-Aktivität und hohe RNS-Konzentrationen nachweisbar. Eine genauere histochemische Analyse der Thymusrinde läßt erkennen, daß bei einer allgemein hohen G-6-P-DH-Aktivität der Glykogengehalt von außen nach innen abnimmt, daß aber die höchste RNS-Konzentration in der Innenzone der Rinde vorhanden ist. Diesem histochemischen

Stoffverteilungsmuster entsprechen folgende, an prä- und postnatalen Entwicklungsstadien des Thymus von Goldhamstern erhobene elektronenmikroskopische Befunde: in den subcapsulären entodermalen Reticulumzellen finden sich reichlich Glykogengranula. Diese Reticulumzellen bilden sich zu sog. Übergangszellen um, welche ihrerseits wiederum zu RNS-reichen prälymphoiden Zellen umgewandelt werden (WEAKLEY, PATT und SHEPRO, 1964).

Oesophagus

Das Epithel des Oesophagus ist bis zum Beginn der Schleimhautdifferenzierung durch eine zunehmende Glykogeneinlagerung ausgezeichnet, welche zunächst allein von der Dorsalwand ausgehend, später mit Anlage der Trachealrinne auch von ventral aus (vgl. SEO, 1955: Ratte) auf die Seiten übergeht. Gleichzeitig ist — bei einer mittleren Aktivität der G-6-P-DH — im Epithel eine gleichmäßig hohe RNS-Konzentration nachweisbar. Mit Beginn der epithelialen Differenzierungsphase verschwindet das Glykogen aus den basalen und mittleren Zellschichten; dabei steigt bei gleichzeitig hoher G-6-P-DH-Aktivität der RNS-Gehalt an. Der besondere RNS-Reichtum der basalen Zellschichten des Oesophagusepithels wurde von BRACHET (1942) auch bei erwachsenen Vertebraten gefunden. Die schließlich zur Verhornung führenden Differenzierungsvorgänge des Oesophagusepithels zeigen demnach vergleichbare histochemische Stoffverhaltensweisen wie das Zungenepithel.

Magen

Der Glykogengehalt der frühen Magenanlage ist bisher noch nicht untersucht worden. Erst für spätere Embryonalstadien wurde Glykogen im Epithel des Magens beschrieben (ROSSI et al., 1954: Mensch; SEO, 1955: Ratte). Allgemein wurden solche Befunde jedoch im Zusammenhang mit der Schleimbildung erörtert (Zusammenfassung s. GRAUMANN, 1964). Nach den eigenen Befunden setzt sich der hohe Glykogengehalt des Oesophagusepithels über die Kardiazone hinweg etwas abgeschwächt zunächst auf das Epithel des gesamten Magens fort. Mit dem später einsetzenden Differenzierungsprozeß verschwindet dann das Polysaccharid im Epithel des *Vormagens* zunächst aus den basalen Zellschichten und bleibt schließlich nur noch auf die lumennah gelegene Zone beschränkt. Die Bedeutung des Glykogen für die hier etwas später einsetzende Keratinisierung ist noch ungeklärt. Die Annahme, solche Glykogenvorkommen deuteten auf das Vorliegen einer anaeroben Glykolyse hin (BRADFIELD, 1951), ist nicht unwidersprochen geblieben (BRAUN-FALCO, 1954; vgl. ARNOLD, 1964). Während der allmählichen Reduzierung des Glykogengehalts im Vormagenepithel steigt die G-6-P-DH-Aktivität und die RNS-Konzentration zunächst in den basalen und mittleren Schichten, schließlich aber auch in der lumennahen Zone an. Dieser RNS-Anstieg in den lumennahen Schichten kann eventuell auf den RNS-Gehalt der hier elektronenoptisch feststellbaren Keratohyalingranula zurückgeführt werden (ARNOLD, 1965). — Mit Beginn der Differenzierung zeigt das Epithel des *Drüsenmagens* eine dem Vormagenepithel entgegengesetzte Glykogenverteilung. Glykogenreich erweisen sich dort vielfach die basalen Zellschichten (mit Ausnahme des eigentlichen Fundusbereichs), in denen meist auch die Aktivität der G-6-P-DH hoch ist. Demgegenüber läßt sich in den lumennahen Zellschichten stets die höchste RNS-Konzentration auffinden. Erst gegen Ende der Fetalperiode ist mit fortschreitender Glykogenolyse der RNS-Gehalt im Epithel des Drüsenmagens nahezu gleichmäßig hoch. — Der Beginn der epithelialen Differenzierungsphase in beiden Magenabschnitten ist also zunächst jeweils durch einen fortschreitenden Glykogenverlust gekennzeichnet. Während im Vormagenepithel aber eine von basal in Richtung auf das Lumen zu fortschreitende Zunahme der G-6-P-DH-Aktivität und der RNS-Konzentration nachweisbar ist, wird das Drüsenmagenepithel in allen Schichten gleichzeitig von dieser Zunahme betroffen.

Darm

Glykogenvorkommen im Epithel des embryonalen Darms wurden bereits von einer großen Anzahl älterer Autoren beschrieben (Zusammenfassung s. GRAUMANN, 1964). Doch ist niemals, bedingt durch methodische Schwierigkeiten und durch das unterschiedliche morphologische Verhalten der einzelnen Darmabschnitte eine geschlossene Betrachtungsweise der Glykogenvorkommen im Darm erreicht worden. Allgemein wird angenommen, daß Glykogen aus den proximalen Darmabschnitten früher verschwindet als aus den distalen. Nach MARUYAMA (1928) soll der Glykogengehalt des Darmepithels bei Tieren mit langsamer Entwicklung allmählich zunehmen, bei solchen mit schneller Entwicklung abnehmen. Doch haben neuere Befunde stets ergeben, daß der Glykogengehalt des embryonalen Darmepithels nicht einheitlich ist, sondern sich in Abhängigkeit vom untersuchten Darmabschnitt und gewählten Zeitpunkt unterschiedlich verhält (ROSSI et al., 1954: Mensch; SEO, 1955: Ratte; CHIQUOINE, 1957: Maus).

Aus dem eigenen Untersuchungsmaterial ergibt sich, daß Glykogen von der Dorsalwand ausgehend nach vollzogenem Rohrschluß zunächst nahezu gleichmäßig im gesamten Darmepithel auftritt. Somit kann der Eindruck gewonnen werden, daß das frühe Darmepithel allgemein eine Tendenz zur Glykogeneinlagerung aufweist. Doch wird offensichtlich dieser Prozeß im weiteren zu verschiedenen Zeitpunkten und durch unterschiedliche Entwicklungsvorgänge (Drehungen, Schleifenbildungen, Aussprossungen) mehr oder minder eingreifend gestört. Abschnitte des Verdauungsrohrs, welche an solchen Entwicklungsvorgängen nicht oder nur unwesentlich beteiligt sind (Oesophagus, Enddarm) zeigen eine nahezu ununterbrochene Zunahme des epithelialen Glykogengehalts bis zum Beginn der Schleimhautdifferenzierung. Diesem gleichmäßigen Glykogenverhalten entspricht eine ebenso gleichmäßige allgemein niedrige G-6-P-DH-Aktivität und RNS-Konzentration. In allen übrigen Abschnitten des Darmes aber führen die genannten Entwicklungsvorgänge für unterschiedlich lange Zeit entweder zu einer Verminderung der weiteren Glykogeneinlagerung oder gar zum Verlust des bisher vorhandenen Glykogengehalts. In solchen Abschnitten ist dann zumeist gleichzeitig eine deutliche Zunahme der G-6-P-DH-Aktivität und der RNS-Konzentration feststellbar. Besonders markant ist ein solches Stoffverhalten im Epithel des Duodenum während der Aussprossungsphase der Leber- und Pankreasanlage. Doch auch Jejunum, Ileum und Colon lassen während der erheblichen Entwicklungsbewegungen, denen sie unterworfen sind, eine deutliche Abnahme des Glykogengehalts erkennen, während die Schwankungen der G-6-P-DH-Aktivität und der RNS-Konzentration hier wesentlich schwerer zu erfassen sind.

Nach Abschluß dieser Entwicklungsprozesse wird die unterbrochene Tendenz zur Glykogeneinlagerung — oftmals verstärkt — wieder deutlich, so daß vor Beginn der epithelialen Differenzierungsphase allgemein das Darmepithel glykogenreich ist. Vereinfachend kann somit folgendermaßen zusammengefaßt werden: mit Ausnahme von Oesophagus und Enddarm, in deren Epithel der Glykogengehalt gleichmäßig zunimmt, sind in den übrigen Darmabschnitten *hinsichtlich des Glykogen zwei Phasen* unterscheidbar: die erste Phase des Glykogenreichtums beginnt mit der Anlage der Darmrinne und endet mit Beginn der Derivateausbildung und der Entwicklungsbewegungen; die zweite Phase beginnt nach dem Abschluß solcher Prozesse und endet mit dem Einsetzen der Schleimhautdifferenzierung.

Bei der Ausbildung des Schleimhautreliefs verschwindet das Glykogen zuerst in den Zottensenken. Das Epithel der Zottenkuppen hingegen bleibt beim Goldhamster bis zum Ende der Fetalperiode zumeist glykogenreich; dieser Polysaccharidgehalt verschwindet erst postnatal (MANN, SASSE und GRAUMANN, 1967: Goldhamster-Duodenum). Die Aktivität der G-6-P-DH, welche zunächst zusammen mit dem Glykogengehalt im Epithel der Zottenspitzen verstärkt nachweisbar ist, verlagert sich gegen Ende der Entwicklung zunehmend an die Zottenbasen und in die Kryptenanlagen, wo ebenfalls die höchste RNS-Konzentration nachweisbar ist. Weniger deutlich ist die Stoffverteilung im Dickdarm: im Epithel läßt sich allgemein noch Glykogen nachweisen, die G-6-P-DH-Aktivität und RNS-Konzentration ist lediglich in den Kryptenanlagen erhöht.

Leber

Erstmals konnte im vorliegenden Untersuchungsmaterial in den frühen aussprossenden Leberzellen Glykogen nachgewiesen werden, welches aber im Verlauf der weiteren Zellproliferation alsbald wieder verschwindet. Erst für spätere Stadien der Leberentwicklung (vgl. NETTELBLAD, 1954) liegen Befunde über das (erneute) Auftreten von Glykogen zunächst in den Endothelien und Mesenchymzellen beim Meerschweinchen (WILDI, 1948) und bei der Ratte (ZEGARSKA und SMIECHOWSKA, 1954) vor. Somit kann auch während der Leberentwicklung ein zweimaliges Auftreten von Glykogen beobachtet werden: der die erste Phase abschließende Abbau des Glykogen wird — wie auch bei anderen Organanlagen beschrieben — von einem deutlichen Anstieg der G-6-P-DH-Aktivität und der RNS-Konzentration begleitet. Während aber in vielen Organen auch der Glykogengehalt der zweiten Phase mit einsetzender Differenzierung wieder verschwindet, steigt — bei zunächst zunehmender Aktivität der G-6-P-DH und der RNS-Konzentration — die Glykogenbeladung in den Leberzellen bis zum Ende der Fetalperiode kontinuierlich an. Es muß deshalb angenommen werden, daß die Einlagerung von Glykogen in die Leberzellen nicht allein eine Bedeutung für die Einleitung der Differenzierungsphase besitzt, sondern daß sich die Leber bereits pränatal zu einem Speicherorgan für Glykogen ausbildet. Für eine solche Interpretation spricht auch der hier erhobene Befund, daß die G-6-P-DH-Aktivität und die RNS-Konzentration in den Leberzellen bereits vor Ablauf der Fetalperiode wieder absinken. Dieser — das Ende der Differenzierungsphase kennzeichnende — Abfall der RNS-Konzentration wurde auch beim Hühnchen am 14.—16. Tag der Entwicklung beobachtet (DUCK-CHONG et al., 1964). DVORÁK (1964) fand entsprechend elektronenmikroskopisch bei der Ratte eine starke Glykogenzunahme ab dem 18. Tag bei gleichzeitiger Abnahme des rauhen endoplasmatischen Reticulum zugunsten des glatten.

Pankreas

Beim Goldhamster ist das Gangepithel der frühen Pankreasanlagen nur zu Beginn und ganz vorübergehend glykogenhaltig. Möglicherweise ist dieser Befund speciesabhängig, da in frühen Entwicklungsstadien der Maus (GRAUMANN, 1952), der Ratte (SEO, 1955) und des Menschen (ROSSI et al., 1954; CONKLIN, 1962; JIRÁSEK, 1965) stets perjodatreaktives Material im Cytoplasma des Gangepithels aufgefunden wurde. Die gesamte Phase des Auswachsens der Pankreasanlagen ist stets durch die Glykogenarmut, eine mäßige G-6-P-DH-Aktivität und durch hohe RNS-Konzentrationen gekennzeichnet. Der Beginn der zweiten Phase wird durch die Glykogenbeladung der frühen Adenomeren angezeigt, in denen später — bei konstant bleibendem Glykogengehalt — die G-6-P-DH-Aktivität und die RNS-Konzentration ansteigen. Ebenso wie in den sich differenzierenden Drüsenzellen der Speicheldrüsen wird also das Glykogen nicht zu Beginn der Differenzierungsphase verbraucht, sondern es verschwindet erst dann, wenn in den Drüsenzellen diastaseresistentes perjodatreaktives Material nachgewiesen werden kann (vgl. PALLOT et al., 1955; JIRÁSEK, 1965). Dies kann so gedeutet werden, daß ein großer Teil des Glykogen als Ausgangssubstanz für die Bildung von kohlenhydrathaltigen Komponenten dient, eine Vermutung, die auch für die Bildung von Bestandteilen der Bindegewebsgrundsubstanz diskutiert wird (KHATOV und SHAPOVALOV, 1963). — Gegen Ende der Pankreasentwicklung ist im Cytoplasma der serösen Zellen ein hoher RNS-Gehalt nachweisbar (vgl. HINRICHSEN, 1959: Maus); entsprechend wurde biochemisch gegen Ende der Fetalperiode eine Steigerung der Proteinsyntheseleistung gefunden (KULKA und DUKSIN, 1964: Hühnchen). — In den Lagerhansschen Inselzellen wurde in unserem Material kein Glykogen aufgefunden, was mit Befunden am Menschen (CONKLIN, 1962) übereinstimmt. Entsprechend dem unauffälligen G-6-P-DH-Verhalten ist auch der RNS-Gehalt der Inselzellen gering, ein Befund, der mit der relativ spärlichen Menge des zu bildenden Insulinproteins in Zusammenhang gebracht wurde (CASPERSSON et al., 1941).

Abgesehen von wenigen — im vorigen bereits erörterten — Ausnahmen können für die Entwicklung des Darms und seiner Derivate typische histochemische Verhaltensweisen abgeleitet und bestimmten Entwicklungsprozessen zugeordnet werden. In der weitaus überwiegenden Anzahl sind alle Organanlagen glykogenreich. Dieser frühe Glykogengehalt aber verschwindet in der Regel sehr rasch; histologisch ist dieses Stadium durch das Wachstum und die Verlagerung der Anlagen ausgezeichnet. Somit ist die *Proliferationsphase* histochemisch durch die Glykogenolyse gekennzeichnet und gleichzeitig durch den Anstieg der G-6-P-DH-Aktivität und der RNS-Konzentration. — Nach Abschluß dieser frühen Wachstumsvorgänge kommt es zu einer erneuten bzw. verstärkten Glykogeneinlagerung in die einzelnen Organe, doch wird diesmal das Polysaccharid zumeist nicht gleichmäßig verteilt aufgefunden, sondern bevorzugt in den für die später einsetzenden Differenzierungsvorgänge spezialisierten Zellverbänden (z.B. inneres Schmelzepithel, Thymusrinde, Darmepithel usw.). Bereits vor der dann einsetzenden

Differenzierungsphase kommt es erneut zu einem Glykogenverlust, welcher wiederum von einem Anstieg der G-6-P-DH-Aktivität und der RNS-Konzentration begleitet wird. — Mit Ausnahme von Leber und Parathyroidea, bei denen Glykogen als Strukturmerkmal angesehen werden muß, ist das fertig ausgebildete Organ schließlich glykogenarm bzw. -frei; die G-6-P-DH-Aktivität und der RNS-Gehalt stellen sich auf die Höhe des adulten Gewebes ein.

3. Stoffwechselmäßige Zusammenhänge im Entwicklungsgeschehen

Die enge Verknüpfung von umschriebenen Glykogenvorkommen mit entscheidenden Entwicklungsphasen der Gewebe läßt erneut die Frage nach der Bedeutung dieses Polysaccharids stellen. Bereits TOGARI (1927) hatte in einer Zusammenstellung auf die wesentliche Rolle des Glykogen für verschiedene biologische Vorgänge hingewiesen; demnach kann Glykogen wichtig sein als:

1. Integrierender Baustein im strukturellen Gefüge bestimmter Zellen.
2. Nährstoff für die glykogenhaltige Zelle.
3. Nährstoff für andere Zellen.
4. Nebenprodukt des Proteinabbaus.
5. Notwendige Stufe der Blutzuckerbildung aus Nichtkohlenhydraten.

Zweifellos wird für das Entwicklungsgeschehen ein großer Teil der in den Glykogendepots verfügbaren Glucose — über den anaeroben und aeroben Abbauweg — zur Energiegewinnung für die embryonalen Wachstumsprozesse verbraucht (LASER, 1933; NEEDHAM et al., 1937; O'CONNOR, 1950 u.a.). So konnte bei Untersuchungen von Proliferationsvorgängen eine direkte Abhängigkeit der Mitoserate vom aeroben Glucoseabbau gefunden werden (MEDAWAR, 1947; BULLOUGH, 1949; BULLOUGH und JOHNSON, 1951; BULLOUGH, 1952); demnach entscheidet eine bestimmte örtliche Glucoseminimalkonzentration, ob Mitosen, d.h. Proliferationsvorgänge ablaufen oder nicht. Es darf angenommen werden, daß die Auflösung örtlicher Glykogendepots zu umschriebenen hohen Glucosekonzentrationen im Gewebe führt, die für Zellteilungsvorgänge Voraussetzung sind. Solche mit Wachstumsprozessen einhergehende örtliche Glykogenolysen konnten im vorliegenden Material vielfach aufgezeigt werden und sind auch aus der Literatur bekannt (SUNDBERG, 1924; PATZELT, 1954; JANOSKY und WENGER, 1956; CHIQUOINE, 1957; GRAUMANN und CLAUSS, 1962; CLAUSS, 1962; BRANDSTRUP und KRETSCHMER, 1965; WALDVOGEL, 1965).

Solche Deutungsversuche der mit Auflösung der Glykogendepots einhergehenden Wachstumsvorgänge sehen in der metabolisierbaren Glucose zunächst aber nur den *Energieträger*, vernachlässigen aber die indirekte Bedeutung dieses Kohlenhydrats als Ausgangssubstanz für den *Aufbau körpereigener Strukturen*. Zu dieser Strukturbildung werden spezifische Proteine benötigt, deren Synthese von der Anwesenheit von RNS abhängt (CASPERSSON, 1941; BRACHET, 1942; Übersicht bei HARBERS, 1964).

Bereits 1943 wurde von LINDBERG bei der Untersuchung des Kohlenhydratabbaus in Seeigelkeimen ein bislang noch unbekannter Abbauweg der Glucose vermutet. Die Bedeutung dieses später vor allem von HORECKER und DICKENS (ausführliche Darstellung: HORECKER und MEHLER, 1955) aufgeklärten Stoffwechselweges (Pentose-Phosphatcyclus) wird nicht in der Bereitstellung von Energie gesehen, sondern in der Bildung von Ribose und TPNH. Am Eingang

in diesen Cyclus steht die G-6-P-DH, ein Leitenzym, dessen Nachweis als Indiz
für das Vorliegen des PPC gewertet werden kann (Rudolph, 1965). Auf die Bedeutung dieses Stoffwechselweges, Pentosen für die Nucleinsäurebiosynthese vor
allem auch während der Embryonalentwicklung bereitzustellen, wurde zuerst
von Krahl et al. (1955) und Krahl (1956) hingewiesen. In der Folge wurde diese
Ansicht durch Untersuchungen von Bäckström (1959) und Burt und Wenger
(1961) gestützt. Inzwischen ist die G-6-P-DH mit biochemischer Methodik auch
in einer großen Anzahl embryonaler und fetaler Gewebe aufgefunden worden
(Krahl et al., 1955; Krahl, 1956; Bäckström, 1959; Bäckström et al., 1960:
Seeigelkeim; Jolley et al., 1958: Schweineherz; Wallace, 1961: Rana pipiens
Villee und Loring, 1961: Organe menschlicher Feten; Burt und Wenger,
1961; Newburgh et al., 1962: Hühnchen).

Die natürliche Begrenzung biochemischer Enzymbestimmungen liegt aber
darin, daß meist ein Zusammenhang von Enzymaktivitätsänderungen mit histo-
genetischen Prozessen nicht aufgezeigt werden kann. Obwohl es Burt (1965,
1966) gelang, mit mikroquantitativen Methoden eine topographisch genauere
Bestimmung der G-6-P-DH-Aktivitätszunahme bei der Neuroblastendifferenzie-
rung im Rückenmark des Hühnchens durchzuführen, erscheint allgemein die
Anwendung histochemischer Techniken hier die Methode der Wahl zu sein. So
konnte im vorgelegten Untersuchungsmaterial erstmals an einer größeren Zahl
von Beispielen eine topochemische Zuordnung von glykogenolytischen Prozessen
und gleichzeitiger G-6-P-DH-Aktivitätszunahme mit Proliferations- und Differenzierungsvorgängen aufgezeigt werden.

Die „wachstumsaktiven" embryonalen Zonen zeichnen sich histochemisch jedoch nicht allein durch das Verschwinden von Glykogen und eine Aktivitätszunahme der G-6-P-DH aus; sie sind darüber hinaus nach den eigenen Befunden
und nach der Literatur (Hinrichsen, 1959; Zusammenfassung: Vendrely und
Vendrely, 1959) ebenfalls durch eine Zunahme der RNS-Konzentration markiert.
Ein solcher umschriebener RNS-Konzentrationsanstieg kann aber nur Folge einer
gesteigerten Nucleotidsynthese sein, die ihrerseits wiederum die Bereitstellung entsprechender Bausteine voraussetzt. Mit der im Verlauf des PPC gebildeten Ribose
aber ist eine dieser Voraussetzungen erfüllt.

Der histochemisch darstellbare Zusammenhang von G-6-P-DH-Aktivität und
Nucleotidsynthese wird durch biochemische Befunde gestützt. So konnte eine
Abhängigkeit des embryonalen RNS- und DNS-Gehalts von der G-6-P-DH-
Aktivität (Bäckström, 1959; Newburgh et al., 1962) und ein gleichsinniges
Verhalten von G-6-P-DH-Aktivität, Mitoseindex und RNS-Anstieg (Burt und
Wenger, 1961) aufgezeigt werden. Da aber aus dem PPC nicht nur Ribose,
sondern auch TPNH bereitgestellt wird, kann für die RNS-Synthese nur so lange
Ribose verfügbar sein, wie auch TPNH verbraucht wird. Somit ist die Aktivität
des PPC auch weitgehend abhängig vom Ausmaß des TPNH-„Abflusses" (Holzer,
1961). Das Vorliegen der TPNH-verbrauchenden sogenannten reduktiven Synthe-
sen konnte histochemisch im eigenen Material nicht geprüft werden, doch sind in
diesem Zusammenhang die biochemischen Befunde bedeutsam, nach welchen
auch die DNS-Synthese von der Tätigkeit des PPC abhängig ist (Newburgh et
al., 1962), da nach Reichard (1958, 1960, 1961) und nach Moore und Hurlbert

(1962) eine von der Anwesenheit von TPNH abhängige direkte Bildung von Desoxyribonucleotiden aus Ribonucleotiden beschrieben wurde.

Es darf somit zur Deutung des bei vielen embryonalen Proliferations- und Differenzierungsprozessen histochemisch aufgefundenen stofflichen Musters: *Glykogenolyse, Anstieg der G-6-P-DH-Aktivität, Zunahme der RNS-Konzentration* wie folgt zusammengefaßt werden: die histochemisch lokalisierbare Auflösung von Glykogendepots führt zu einem örtlichen Anstieg der Glucosekonzentration. Ein Teil der so verfügbaren Glucose wird über den histochemisch durch die hohe Aktivität der G-6-P-DH gekennzeichneten PPC unter Bildung von TPNH zu Ribose metabolisiert. Der am gleichen Ort nachweisbare Anstieg der RNS-Konzentration weist auf eine erhöhte, Ribose-verbrauchende RNS-Synthese hin. Dabei wird ein gewisser Anteil des gleichzeitig gebildeten TPNH möglicherweise für die DNS-Syntheseschritte verbraucht.

Zusammenfassung

Die Entwicklung und Differenzierung des Darmrohres und seiner Derivate während der Ontogenese des Goldhamsters wurden *histologisch* und *histochemisch* untersucht. Es war das *Ziel* dieser Untersuchung, das topochemische Verteilungsmuster der durch den Pentose-Phosphatcyclus stoffwechselmäßig miteinander verknüpften Verbindungen: Glykogen, Glucose-6-Phosphat-Dehydrogenase und RNS mit bestimmten morphologisch definierten Phasen der Organogenese zu korrelieren.

Das eng seriierte embryonale Material umfaßt die gesamte *Entwicklungsperiode des Darms* vom Auftreten der Urdarmgrube (7 d, 8 h) bis unmittelbar pränatal (15 d, 8 h). Im einzelnen werden folgende Darmabschnitte bzw. -derivate beschrieben: Mundhöhle und Zunge, Zähne, Speicheldrüsen, primäres Rachendach und Hypophyse, Schilddrüse, Epithelkörperchen, Thymus, Ultimobranchialkörper, Oesophagus, Vor- und Drüsenmagen, Mittel- und Enddarm mit besonderer Berücksichtigung des Duodenum, des Ileocaecalbereichs und des Rectum sowie Leber und Pankreas. Die zunächst morphologisch ermittelten Entwicklungsstadien der einzelnen Organe und Organabschnitte werden zeitlich fixiert tabellarisch zusammengefaßt; sie liegen den histochemischen Daten zugrunde.

Alle untersuchten Organanlagen sind während bestimmter Entwicklungsphasen durch einen umschriebenen *Glykogengehalt* ausgezeichnet. Dieses histochemische Merkmal kann im Sinne einer *Chemomorphologie* verwendet werden: der frühe Glykogenreichtum der meisten *Organanlagen* ermöglicht ihre Identifizierung bereits vor der morphologischen Abgrenzbarkeit (z.B. Parathyroidea/ Thymus); durch den histochemischen Polysaccharidnachweis können darüber hinaus in morphologisch noch einheitlich erscheinenden Epithelverbänden bestimmter Organanlagen *einzelne Zellgruppen* als Ausgangspunkte bestimmter Entwicklungsprozesse markiert werden (z.B. Bildung der Adenomere des Pankreas); eine „*keimblattspezifische*" Glykogenverteilung erlaubt die Aufdeckung von morphologisch nicht mehr erkennbaren Grenzen zwischen Materialien verschiedener Keimblätter (Ektoderm/Entodermgrenzen in der primären Mundhöhle und im Enddarmabschnitt). In etwas geringerem Maße erlaubt auch der topochemische Nachweis starker G-6-P-DH-Aktivität oder hoher RNS-Konzentrationen die Abgrenzung bestimmter Organe und Zellgruppen von der Umgebung.

Der frühzeitige Glykogengehalt der meisten Organanlagen wird im Zuge einsetzender Proliferation — gelegentlich bis zum vollständigen *Polysaccharidverlust* — vermindert, gleichzeitig *steigen die Aktivität der G-6-P-DH und die RNS-Konzentration an*. Nach einer anschließenden Phase mit meist konstant sehr geringem Glykogengehalt (bei mittelstarker Enzymaktivität und mäßigen RNS-Konzentrationen) kommt es zu einem erneuten Glykogenanstieg, welcher aber zumeist nicht das gesamte Organ betrifft, sondern nur bestimmte Areale, welche sich etwas später ebenfalls als „wachstumsaktive" Zonen erweisen. Mit Beginn dieser erneuten Zellproliferation, welche der Differenzierung unmittelbar vorangeht, verschwindet das Glykogen zumeist vollständig und endgültig. Diese *zweite Glykogenolysephase* ist ebenfalls von einem *Anstieg der G–6–P–DH-Aktivität und der RNS-Konzentration begleitet*. Abweichungen von dem so ermittelten Stoffverhalten in einigen Organen können zwanglos erklärt werden.

Unter Verwendung einschlägiger biochemischer Daten aus der Literatur kann auf Grund der hier mitgeteilten histochemischen Befunde den bisherigen hypothetischen Ansichten eine *neuartige Interpretation der embryonalen Glykogenvorkommen* gegenübergestellt werden: das nahezu *regelmäßig* alternierende Auftreten von Glykogen und RNS sowie die den Anstieg der RNS-Konzentration begleitende Zunahme der G-6-P-DH-Aktivität werden als Indizien für den am betreffenden Ort und während eines bestimmten Zeitraumes ablaufenden *Pentose-Phosphatcyclus* gewertet. Im Verlauf dieses Stoffwechselcyclus werden aus den durch die Glykogenolyse gewonnenen Hexosen Pentosen für die Nucleinsäurebiosynthese bereitgestellt.

Summary

The development and the differentiation of the gut and of its derivatives during the ontogenesis of the golden hamster was investigated histologically and histochemically. The general aim of this investigation was to *correlate the topochemical patterns of the compounds:* glycogen, glucose-6-phosphatedehydrogenase and RNA, which are connected in metabolism by the pentose-phosphate-cycle, to certain *morphologically defined stages* of the organogenesis.

The embryonic material, organized in close series comprises the *complete period of development* of the gut from the appearance of the gut anlage (7 d, 8 h) until immediately pre-natal (15 d, 8 h). The following segments or derivatives of the gut are described in detail: oral cavity and tongue, teeth, salivary glands, primary vault of the pharynx and pituitary gland, thyroid, parathyroid, thymus, ultimobranchial body, esophagus, forestomach and stomach, midgut and hindgut with special consideration of the duodenum, the ileocecal region and the rectum, as well as liver and pancreas. The stages of development of the separate organs and segments of organs, morphologically ascertained at first are fixed chronologically and tabulated; they underlie the histochemical data.

All the investigated anlagen of organs are, in certain phases of their development, characterized by a definite *glycogen content*. This histochemical characteristic can be used as *"chemomorphology"*: the early content of glycogen of most of the *anlagen of organs* permit their identification even before they are morphologically marked (e.g.: parathyroid/thymus); by means of the histochemical demonstration of polysaccharides, in formation of epithelia of certain anlagen that appear morphologically homogeneous, *single groups of cells* can be marked as starting-points of certain processes of development (e.g.: formation of adenomeres of the pancreas); a *"germ-layer-specific"* distribution of glycogen permits the uncovering of morphologically no longer recognizable boundaries between materials of different germ layers (e.g.: ectoderm/entoderm boundaries in the early oral cavity and in the hindgut region). To a somewhat lesser degree also the topochemical demonstration of a strong G-6-P-DH activity or of high RNA concentrations permits the demarcation of certain organs and groups of cells from their surroundings.

In the course of beginning proliferation the early content of glycogen of most of the organs is lessened, occasionally to a complete *loss of the polysaccharide;* at the same time there is an *increase of the activity of G-6-P-DH and the RNA* concentration. After a following phase in which the amount of glycogen remains in most cases constantly at a very low level (with a medial enzyme activity and at moderate RNA concentrations) the amount of glycogen increases again. This process, however, does not concern the whole organ but only certain areals, which, a little later, prove to be "growth-effective" zones. With the start of this new cell proliferation which immediately precedes the differentiation, the glycogen disappears, in most cases completely and definitely. This *second phase of glycogenolysis* is also accompanied by an *increase of G-6-P-DH activity and of RNA concentration.* Deviations from such a behaviour of substances in some organs can be explained easily.

On account of the histochemical findings related here and together with the use of competent biochemical data from literature a *new interpretation of the embryonal appearance of glycogen* can be opposed to previous hypothetical opinions. The almost *regularly* alternating appearances of glycogen and RNA as well as the increase of the G-6-P-DH activity which accompanies the increase of the RNA concentration are evaluated as signs of the *pentose phosphate cycle* occurring at respective places during a certain time. In the course of this metabolic cycle pentoses are provided for the synthesis of nucleic acids from the hexoses attained by glycogenolysis.

Literatur

ARNOLD, M.: Funktionsentwicklung der Magenschleimhaut beim Goldhamster. Habil.-Schr. Tübingen 1965.

—, u. R. SCHNEIDER: Dünnschichtchromatographische Kontrolle der Extraktionswirkung von Fixierungsmitteln. Histochemie 7, 260—266 (1966).

AUSTIN, C. R.: XV. Ovulation, fertilization and early cleavage in the hamster (Mesocricetus auratus). J. roy. micr. Soc. 75, 141—154 (1955).

BÄCKSTRÖM, S.: Changes in ribonucleic acid content during early sea urchin development. Ark. Zool. (Stockh.) 12, 339—342 (1959).

—, K. HULTIN, and T. HULTIN: Pathways of glucose metabolism in early sea urchin development. Exp. Cell Res. 19, 634—636 (1960).

BARFURTH, D.: Vergleichend-histochemische Untersuchungen über das Glykogen. Arch. mikr. Anat. 25, 269—414 (1885).

BARGMANN, W.: Innersekretorische Drüsen. I. In: Handbuch der mikroskopischen Anatomie, Bd. VI/2. Berlin: Springer 1939.

— Der Thymus. In: Handbuch der mikroskopischen Anatomie, Bd. VI/4. Berlin: Springer 1943.

BAUER, H.: Mikroskopisch-chemischer Nachweis von Glykogen und einigen anderen Polysacchariden. Z. mikr.-anat. Forsch. **33**, 143—160 (1933).

BERNARD, C.: De la matière glycogène considérée comme condition de développement de certains tissus, chez le fétus, avant l'apparition de la fonction glycogénique du foie. C. R. Acad. Sci. (Paris) **48**, 673—684 (1859).

BEST, F.: Über Glykogen, insbesondere seine Bedeutung bei Entzündung und Eiterung. Beitr. path. Anat. **33**, 585—604 (1903).

BEVELANDER, G., and P. L. JOHNSON: The histochemical localisation of glycogen in the developing tooth. J. cell. comp. Physiol. **28**, 129—137 (1946).

— — The localization of polysaccharides in developing teeth. J. dent. Res. **34**, 123—131 (1955).

BOERNER-PATZELT, D.: Die Mundspeicheldrüsen des Goldhamsters. Anat. Anz. **102**, 317—332 (1956).

BOYER, C. C.: Development of the golden hamster, cricetus auratus, with special reference to the major circulatory channels. J. Morph. **83**, 1—38 (1948).

— Chronology of development for the golden hamster. J. Morph. **92**, 1—37 (1953).

BRACHET, J.: La détection histochimique des acides pentosenucléiques. C. R. Soc. Biol. (Paris) **133**, 88—90 (1940).

— La localisation des acides pentosenucléiques dans les tissus animaux et les oeufs d'amphibiens en voies de développement. Arch. Biol. (Liège) **53**, 207—257 (1942).

— The localization and the role of ribonucleic acid in the cell. Ann. N.Y. Acad. Sci. **50**, 861—869 (1950).

— Chemical embryology. New York: Interscience Publ., Inc. 1950.

— Ribonucleinsäure und Morphogenese. In: W. GRAUMANN u. K. NEUMANN, Handbuch der Histochemie, Bd. III/2. Stuttgart: Gustav Fischer 1959.

BRADFIELD, J.R. G.: Glycogen of vertebrate epidermis. Nature (Lond.) **167**, 40—41 (1951).

BRANDSTRUP, N., and N. KRETCHMER: The metabolism of glycogen in the lungs of the fetal rabbit. Develop. Biol. **11**, 102—216 (1965).

BRAUN-FALCO, O.: Histochemische und morphologische Studien an normaler und pathologisch veränderter Haut. Arch. Derm. Syph. (Berl.) **198**, 111—198 (1954).

BULLOUGH, W. S.: The relation between the epidermal mitotic activity and the blood sugar level of the adult male mouse mus musculus L. J. exp. Biol. **26**, 83—99 (1949).

— The energy relations of mitotic activity. Biol. Rev. **27**, 133—168 (1952).

—, and M. JOHNSON: The energy relations of mitotic activity in adult mouse epidermis. Proc. roy. Soc. B **138**, 562—575 (1951).

BURT, A. M.: Glucose metabolism and chick neurogenesis. I. Glucose-6-phosphate dehydrogenase activity in the embryonic brachial spinal cord. Develop. Biol. **12**, 213—232 (1965).

— The relative importance of glycolytic and pentose cycle metabolism during the development of the chick spinal cord. Anat. Rec. **154**, 325 (1966).

—, and B. S. WENGER: Glucose-6-phosphate dehydrogenase activity in the brain of the developing chick. Develop. Biol. **3**, 84—95 (1961).

CASPERSSON, T.: Studien über den Eiweißumsatz der Zelle. Naturwissenschaften **29**, 33—43 (1941).

—, H. LANDSTRÖM-HYDEN u. L. AQUILONIUS: Cytoplasmanucleotide in Eiweiß produzierenden Drüsenzellen. Chromosoma (Berl.) **2**, 11—131 (1941).

CASTLEMAN, B., and T. B. MALLORY: The pathology of the parathyroid gland in hyperparathyroidism. Amer. J. Path. **11**, 1—72 (1935).

CHIQUOINE, A. D.: The distribution of polysaccharides during gastrulation and embryogenesis in the mouse embryo. Anat. Rec. **129**, 495—515 (1957).

CLAUSS, W.: Beitrag zur Kenntnis der pränatalen Funktionsentwicklung der Adenohypophyse. Z. mikr.-anat. Forsch. **68**, 513—539 (1962).

CONKLIN, J. L.: Cytogenesis of the human fetal pancreas. Amer. J. Anat. **111**, 181—193 (1962).

COQUOIN-CARNOT, M., J.-M. ROUX et C. TORDET-CARIDROIT: Étude comparative biochimique et histochimique de quelques activités deshydrogénastiques dans le foie à la période périnatale. Ann. Histochim. **11**, 41—50 (1966).

Costacurta, L.: Histochemical demonstration of some amino acids in the tooth germ of the rat's upper incisors. Acta anat. (Basel) 58, 62—71 (1964).

Creighton, C.: Microscopic researches on the formative property of glycogen. London: A. & Ch. Black 1896/99.

Dalcq, A. M.: Ribonucléines et polysaccharides dans les ébauches dentaires des rongeurs. C. R. Soc. Biol. (Paris) 147, 2038—2040 (1943).

Duck-Chong, C., J. K. Pollak, and R. J. North: The relation between the intracellular ribonucleic acid distribution and amino incorporation in the liver of the developing chick embryo. J. Cell Biol. 20, 25—35 (1964).

Dvořák, M.: Elektronenmikroskopische Untersuchungen an embryonalen Leberzellen. Z. Zellforsch. 62, 655—666 (1964).

Eastoe, J. E.: Organic matrix of tooth enamel. Nature (Lond.) 187, 411—412 (1960).

Einarson, L.: On the theory of gallocyanin-chromalaun staining and its application for quantitative estimation of basophilia. A selective staining of exquisite progressivity. Acta path. scand. 28, 82—102 (1951).

Fullmer, H. M.: Dehydrogenases in developing teeth of rats. J. Histochem. Cytochem. 11, 641—644 (1963).

Gabe, M.: Contribution à l'histogénèse des glandes salivaires chez la souris albino. Z. Zellforsch. 45, 74—95 (1956).

Gierke, E. v.: Das Glykogen in der Morphologie des Zellstoffwechsels. Beitr. path. Anat. 37, 502—567 (1905).

Gomori, G.: The histochemistry of mucopolysaccharides. Brit. J. exp. Path. 35, 377—380 (1954).

Graumann, W.: Das Vorkommen von Perjodsäure-Leukofuchsin (PSL)-positiven Substanzen im embryonalen Organismus. Anat. Anz. 99, 19—20 (1952).

— Glykogen im embryonalen Kopfbindegewebe. Verh. anat. Ges. (Jena) 51, 219—227 (1953).

— Untersuchungen zum cytochemischen Glykogennachweis. II. Mitt. Chemische Fixation auf Pikrinsäurebasis. Histochemie 1, 97—108 (1958).

— Ergebnisse der Polysaccharidhistochemie: Mensch und Säugetiere. In: W. Graumann u. K. Neumann, Handbuch der Histochemie, Bd. II/2. Stuttgart: Gustav Fischer 1964.

—, u. W. Clauss: Untersuchungen zum cytochemischen Glykogennachweis. III. Mitt. Versuche zum Diastasetest. Histochemie 1, 241—246 (1959).

— — Untersuchungen zur funktionellen Differenzierung der fetalen Hypophyse. Anat. Anz. (Erg.-H.) 111, 128—131 (1962).

Hamilton, W. J., and D. M. Samuel: The early development of the golden hamster. J. Anat. (Lond.) 90, 395—416 (1956).

Harbers, E. (gemeinsam mit G. E. Domagk u. W. Müller): Die Nukleinsäuren. Eine einführende Darstellung ihrer Chemie, Biochemie und Funktionen. Stuttgart: Georg Thieme 1964.

Hermann, R.: Das Verhalten der Nukleinsäuren im Laufe der Zahnentwicklung beim Goldhamster. Z. Zellforsch. 45, 176—194 (1956).

Hertig, A. T., E. C. Adams, D. G. McKay, J. Rock, W. J. Mulligan, and M. F. Menkin: A thirteen-day human ovum studied histochemically. Amer. J. Obstet. Gynec. 76, 1025—1043 (1958).

Hinrichsen, K.: Die Bedeutung der epithelialen Randleiste für die Extremitätenentwicklung. Z. Anat. Entwickl.-Gesch. 119, 350—364 (1956).

— Die Verteilung der Ribonucleinsäure in embryonalen Geweben und ihre Bedeutung für Formbildung und Histogenese. Habil.-Schr. Göttingen 1959.

— Autoradiographische Untersuchungen über Aufnahme und Verteilung von Tritium-Thymidin im Thymus der Maus. Anat. Anz. (Erg.-H.) 112, 122—130 (1963).

Hollmann, S.: Nicht-glykolytische Abbauwege der Glucose. In: G. Weitzel u. N. Zöllner, Biochemie und Klinik, Monographien in zwangloser Folge. Stuttgart: Georg Thieme 1961.

Holzer, H.: Regulation of carbohydrate metabolism by enzyme competition. Cold Spr. Harb. Symp. quant. Biol. 26, 277—288 (1961).

Horecker, B. L., and A. H. Mehler: Carbohydrate metabolism. Ann. Rev. Biochem. 24, 207—274 (1955).

Jauquot, R., et N. Kretchmer: Relations entre équipement enzymatique, teneur en glycogène et état endocrine dans le foie foetal du rat. C. R. Acad. Sci. (Paris) **257**, 2173—2175 (1963).

Janosky, J. D., and B. S. Wenger: A histochemical study of glycogen distribution in the developing nervous system of amblystoma. J. comp. Neurol. **105**, 127—150 (1956).

Jirásek, J. E.: Die Lokalisation bzw. Beteiligung einiger Enzyme und PAS-positiver Substanzen bei der Pankreashistogenese. Acta histochem. (Jena) **20**, 161—165 (1965).

Jolley, R. L., V. H. Cheldelin, and R. W. Newburgh: Glucose catabolism in fetal and adult heart. J. biol. Chem. **233**, 1289—1294 (1958).

Jordan, P.: Über die Bedeutung des embryonalen Glykogens, insbesondere für das Wachstum. Z. Zellforsch. **6**, 558—586 (1927).

Kalliris, P. C.: Das Verhalten der Ribonucleinsäure in endokrinen Organen der Maus während der Entwicklung bis zur Geburt. Med. Diss. Göttingen 1958.

Khatov, B. P., and Y. N. Shapovalov: The morphological and histochemical analysis of the early ontogenic stages of human and other mammal embryos. Folia histochem. cytochem. (Kraków) **1**, 447—451 (1963).

Klapper, C. E.: A study of the development of the pharynx of the golden hamster with special emphasis on the origin and fate of the ultimobranchial body. Anat. Rec. **106**, 208—209 (1950).

Köbberling, G.: Autoradiographische Untersuchungen über Zellursprung und Zellwanderung in lymphatischen Organen fetaler und neugeborener Mäuse. Z. Zellforsch. **68**, 631—659 (1965).

Krahl, M. E.: Oxydative pathways for glucose in eggs of the sea urchin. Biochim. biophys. Acta (Amst.) **20**, 27—32 (1956).

— A. K. Keltsch, C. B. Walters, and G. H. A. Clowes: Glucose-6-phosphate and 6-phosphogluconate dehydrogenase from eggs of the sea urchin, Arbacia punctulata. J. gen. Physiol. **38**, 431—439 (1955).

Kulka, R., and D. Duksin: Patterns of growth and α-amylase activity in the developing chick pancreas. Biochim. biophys. Acta (Amst.) **91**, 506—514 (1964).

Kurnick, N. B.: Pyronin Y in the methyl-green-pyronine histological stain. Stain Technol. **30**, 213—230 (1955).

Laser, H.: Der Stoffwechsel von Gewebekulturen und ihr Verhalten in der Anaerobiose. Biochem. Z. **264**, 72—86 (1933).

Lindberg, O.: Studien über das Problem des Kohlenhydratabbaus und der Säurebildung bei der Befruchtung des Seeigeleis. Ark. Kemi (Stockh.) A **16**, 1—20 (1943).

Lipp, W.: Histochemische Methoden. München: R. Oldenbourg 1954.

Livini, F.: Notizie preliminari intorno alla presenza di glicogene in diversi organi di embrioni umani. Monit. zool. ital. **31**, 56—60 (1920).

Lubarsch, O.: Über die Bedeutung der pathologischen Glykogenablagerungen. Virchows Arch. path. Anat. **183**, 188—228 (1906).

Mann, H., D. Sasse u. W. Graumann: Beiträge zur Funktionsentwicklung: Duodenaldrüsen beim Goldhamster. Acta histochem. (Jena) **28**, 89—99 (1967).

Marchand, F.: Über eine Geschwulst aus quergestreiften Muskelfasern mit ungewöhnlichem Gehalte an Glykogen, nebst Bemerkungen über das Glykogen in einigen foetalen Geweben. Virchows Arch. path. Anat. **100**, 42—65 (1885).

Maruyama, J.: Die Verteilung und das Ab- und Zunehmen des Glykogens in der Darmschleimhaut der Säugerembryonen und dessen physiologische Bedeutung. Okayama Igakkai Zasshi **40**, 1296—1333 (1928).

Matthiessen, M. E.: Nucleic acid and protein histochemical studies on the prenatal development of human deciduous teeth. Acta anat. (Basel) **60**, 220—238 (1965).

McKay, D. G., E. C. Adams, A. T. Hertig, and S. Danziger: Histochemical horizons in human embryos. I. Five millimeter embryo. Streeter horizon XIII. Anat. Rec. **122**, 125—151 (1955).

— — — — Histochemical horizons in human embryos. II. 6 and 7 millimeter embryos. Streeter horizon XIV. Anat. Rec. **126**, 433—463 (1956).

McManus, J. F. A.: Histological demonstration of mucin after periodic acid. Nature (Lond.) **158**, 202 (1946).

MEDAWAR, P. B.: The behaviour of mammalian skin epithelium under strictly anaerobic conditions. Quart. J. micr. Sci. 88, 27—37 (1947).

MEIER-RUGE, W.: Vergleichende Untersuchungen über die histotopochemischen Qualitäten der Tetrazolsalze MTT, Nitro-BT und TNBT in der Enzymhistochemie. Histochemie 4, 438—445 (1965).

MIZUSHIMA, T.: Histochemical studies of dehydrogenases in the developing teeth. Histochemie 3, 538—551 (1964).

MOOG, F., and E. L. WENGER: The occurrence of a neutral mucopolysaccharide at sites of high alcaline phosphatase activity. Amer. J. Anat. 90, 339—378 (1952).

MOORE, E. C., and R. B. HURLBERT: Reduction of cytidine nucleotides by mammalian enzymes. Biochim. biophys. Acta (Amst.) 55, 651—663 (1962).

NEEDHAM, J., W. W. NOWINSKI, K. C. DIXON, R. P. COOK, and H. LEHMANN: Intermediary carbohydrate metabolism in embryonic life. I. General aspects of anaerobic glycolysis. II.The formation and removal of pyruvic acid. III. The Pasteur-effect and the Meyerhof cycle. IV. The distribution of acid soluble phosphorus. V. The phosphorylation cycles. VI. Glycolysis without phosphorylation. VII. Experiments on the nature of non phosphorylation glycolysis. Biochem. J. 31, 1165—1254 (1937).

NETTELBLAD, S. C.: Die Lobierung und innere Topographie der Säugerleber. Nebst Beiträgen zur Kenntnis der Leberentwicklung beim Goldhamster (Cricetus auratus). Acta anat. (Basel), 21 (Suppl. 20), 1—251 (1954).

NEWBURGH, R. W., B. BUCKINGHAM, and H. HERMANN: Levels of reduced TPN generating systems in chick embryos in ovo and in explants. Arch. Biochem. 97, 94—99 (1962).

O'CONNOR, R. J.: The effect on cell division of inhibiting aerobic glycolysis. Brit. J. exp. Path. 31, 449—453 (1950).

PALLOT, G., W. SCHÄTZLE et R. WEGMAN: Aspects médits de la cytochimie insulaire (dans l'ilôt des Téléostéens). C. R. Ass. Anat. 42, 1140—1150 (1955).

PATZELT, V.: Über Tonofibrillen, Keratohyalin, Glykogen und Verhornung in der Epidermis. Acta anat. (Basel) 21, 349—356 (1954).

PEARSE, A. G. E.: Histochemistry. Theoretical and applied. London: J. & A. Churchill Ltd. 1960.

PORTER, K. R., and C. BRUNI: Fine structural changes in rat liver cells associated with glycogenesis and glycogenolysis. Anat. Rec. 136, 260—261 (1960).

PROVENZA, D. V.: Oral histology. Inheritance and development. London: Pitman Med. Publ. Co., Ltd. and Philadelphia: J. B. Lippincott Co. 1964.

REICHARD, P.: The synthesis of deoxyribose by the chick embryo. Biochim. biophys. Acta (Amst.) 27, 434—435 (1958).

— Formation of deoxyguanosine-5'-phosphate from guanosine-5-phosphate with enzymes from chick embryos. Biochim. biophys. Acta (Amst.) 41, 368—369 (1960).

— The biosynthesis of deoxyribonucleic acid by the chick embryo. IV. Formation of deoxycytidine and deoxyguanosine phosphates with soluble enzymes. J. biol. Chem. 236, 2511—2513 (1961).

ROMEIS, B.: Mikroskopische Technik, 15. Aufl. München: R. Oldenbourg 1948.

ROUGET, CH.: Des substances amyloides, de leur rôle dans la constitution des tissus des animaux. J. Physiol. (Paris) 2, 83—93 (1859).

ROSSI, F.: Histochemie der Enzyme bei der Entwicklung. In: W. GRAUMANN u. K. NEUMANN, Handbuch der Histochemie, Bd. VII/4. Stuttgart: Gustav Fischer 1964.

— S. CAPURRO, D. ZACCHEO e C. E. GROSSI: Il differenziamento dell'epitelio del canale alimentare dell'uomo e la localizzazione in esso dei mucopolysaccaridi durante l'ontogenesi. Monit. zool. ital. 71 (Suppl.), 19—150 (1954).

RUDOLPH, G.: Histochemie der Glukose-6-phosphat-Dehydrogenase im Rahmen des Pentosephosphatzyklus. Acta histochem. (Jena), Suppl. 4, 90—102 (1964).

SASSE, D.: Untersuchungen zum cytochemischen Glykogennachweis. VI. Mitt. Chemische Fixation mit OsO_4-haltigen Fixierungsmitteln. Histochemie 4, 459—469 (1965).

— Histochemische Untersuchungen am Entoderm. Anat. Anz. (Erg.-H.) 120, 49—55 (1967).

—, und W. GRAUMANN: Untersuchungen zum cytochemischen Glykogennachweis. V. Mitt. Chemische Fixation mit weiteren alkoholischen und dioxanhaltigen Pikrinsäuregemischen. Acta histochem. (Jena) 20, 25—39 (1965).

Schenk, R.: Implantation und deciduale Reaktion in der Embryonalentwicklung des Goldhamsters (Mesocricetus auratus). Z. Anat. Entwickl.-Gesch. 120, 75—94 (1957).

Scothorne, R. J.: Glycogen in the developing pharyngeal derivates of the sheep. J. Anat. (Lond.) 89, 557—558 (1955).

Seo, S.: Changes in the reaction of tissues to periodic acid Schiff's stain during the development of white rat. Kyushu Mem. med. Sci. 5, 169—182 (1955).

Shepard, T. H., H. Andersen, and H. J. Andersen: Histochemical studies of the human fetal thyroid during the first half of fetal life. Anat. Rec. 149, 363—380 (1964).

Sorokin, S.: A study of development in organ cultures of mammalian lungs. Develop. Biol. 3, 60—83 (1961).

Starck, D.: Diskussionsbemerkung zu W. Graumann, Glykogen im embryonalen Kopfbindegewebe. Verh. anat. Ges. (Jena) 51, 226 (1953).

Sundberg, C.: Das Glykogen in menschlichen Embryonen von 15, 17 und 40 mm. Z. Anat. Entwickl.-Gesch. 73, 168—246 (1924).

Swartz, G. E., and N. E. Hertzel: The development of the ultimobranchial bodies and their relationship to thyroid formation in the golden hamster. Trans. Amer. micr. Soc. 83, 384—391 (1964).

Themann, H.: Elektronenmikroskopische Untersuchungen über das Glykogen im Zellstoffwechsel. Veröffentlichungen aus der morphologischen Pathologie, H. 66. Stuttgart: Gustav Fischer 1963.

Togari, C.: On the appearance of glycogen in the female reproductive glands of rodents with special reference to their histology. Folia anat. jap. 5, 429—489 (1927).

Venable, J. H.: Pre-implantation stages in the golden hamster. Anat. Rec. 94, 105—119 (1946).

Vendrely, C., et R. Vendrely: Localisation de l'acide ribonucléique dans les différents tissus et organes de vertébrés. In: W. Graumann u. K. Neumann, Handbuch der Histochemie, Bd. III/2. Stuttgart: Gustav Fischer 1959.

Villee, C. A., and J. M. Loring: Alternative pathways of carbohydrate metabolism in foetal and adult tissues. Biochem. J. 81, 488—494 (1961).

Waldvogel, H.: Untersuchungen über den Zellstoffwechsel früher Ontogenesestadien von Xenopus Laevis (Daudin) mit besonderer Berücksichtigung der Funktion und Verteilung des Glykogen. Wilhelm Roux' Arch. Entwickl.-Mech. Org. 156, 20—48 (1965).

Wallace, R. A.: Enzymatic patterns in the developing frog-embryo. Develop. Biol. 3, 486 (1961).

Warburg, O. W. C.: Abbau von Robinsonester durch Triphospho-Pyridin-Nucleotid. Biochem. Z. 292, 287—295 (1937).

Ward, M. C.: A study of the estrous cycle and the breeding of the golden hamster, Cricetus auratus. Anat. Rec. 94, 139—161 (1946).

— The early development and implantation of the golden hamster, Cricetus auratus, and the associated endometrial changes. Amer. J. Anat. 82, 231—276 (1948).

Weakly, B. S., D. J. Patt, and D. Shepro: Ultrastructure of the fetal thymus in the golden Hamster, Mesocricetus auratus. Anat. Rec. 148, 348—349 (1964).

Wildi, E.: Apparition du glycogène et de la graisse dans le foie chez l'embryon de cobaye. Schweiz. med. Wschr. 78, 446 (1948).

Zegarska, Z., u. W. Smiechowska: Wielocukry watroby zarodkowej szczura badane metoda PAS. Acta biol. med. (Gdansk) 2, 51—58 (1954). Ref. 1764. Excerpta med. (Amst., Sect. I 14, 440 (1960).

Sachverzeichnis